内蒙古草地植物种子形态

韩峰 等 著

中国林业出版社
China Forestry Publishing House

图书在版编目（CIP）数据

内蒙古草地植物种子形态 / 韩峰等著 . -- 北京 :
中国林业出版社 , 2025. 2. -- ISBN 978-7-5219-3146-4
Ⅰ.S540.24
中国国家版本馆 CIP 数据核字第 2025WZ4095 号

Neimenggu Caodi Zhiwu Zhongzi Xingtai

责任编辑：贾麦娥
书籍设计：北京美光设计制版有限公司

出版发行：中国林业出版社
（100009，北京市西城区刘海胡同7号，电话 83143562）
网　　址：http://www.cfph.net
印　　刷：河北鑫汇壹印刷有限公司
版　　次：2025年2月第1版
印　　次：2025年2月第1次印刷
开　　本：889mm×1194mm　1/16
印　　张：14.5
字　　数：300千字
定　　价：138.00元

本专著受2024中央引导地方科技发展资金项目（编号：2024ZY0119）、
国家重点研发计划项目（编号：2022YFD1300802）、
内蒙古自然科学基金面上项目（编号：2022MS03056）、
内蒙古农业大学草学学科青年基金项目（编号：IMAUCXQJ2023016）和
内蒙古自治区土壤质量与养分资源重点实验室资助。

其他著者

张志强　马迎梅　王志军
雷雪峰　屈志强　李冰圳
李晓光　王　妍　郑丽娜

前　言

内蒙古高原东起大兴安岭和苏克斜鲁山，西至甘肃省河西走廊西北端的马鬃山，南沿长城，北接蒙古国，广袤无垠的大草原如同一座繁茂的生命乐园，孕育出独特的生态环境和丰富多样的草地植物。

随着生态文明建设的不断深入，越来越多的人关注草原野生植物资源的开发和利用。植物的种子，作为生命之源的传承者，宛如蕴藏着无尽奥秘与珍贵价值的微小宝石，它们是种子植物所特有的繁殖器官，是生物体上一代传递给下一代的遗传物质，是每一个物种延续的重要基础。种子也是农作物育种的宝库，即农业的“芯片”。加快推进种业振兴，加大种源关键核心技术攻关，加快选育生产急需的自主优良品种是国家重要的战略部署。放眼全世界，每个农业强国必须拥有强大的种质库，才能在国际农业强国行列的竞争中立于不败之地。

本书系统地介绍了内蒙古草地植物种子的形态特征，借助翔实的文字和栩栩如生的精美图片，将各种植物种子的独特魅力淋漓尽致地展现在读者眼前，详细描述了包括大针茅、披碱草、无芒雀麦和硬质早熟禾等优势草种在内的草地植物种子的外部形态及附属特征（如种翅、茸毛等），通过不同生态区的种子形态特征，间接揭示种子形态与气候条件（如干旱、低温）、土壤类型（如栗钙土、盐碱土）及传播策略之间的关联性。书中特别关注了濒危保护植物，如国家级保护植物半日花、裸果木和蒙古扁桃，还收录了牧草植物，如耐瘠薄土壤的沙打旺、适应极端环境条件的柠条锦鸡儿和改良退化土壤的黄花草木樨，以及药用植物黄芩、防风和甘草等，为人工种植和资源利用提供理论参考。

书中一共收录了内蒙古草地广泛分布的200多种植物种子高清扫描电镜图，以图文并茂的方式，展现了种子精细、准确的外观显微特征、功效和生境分布，为植物品种选育提供了种子形态依据，填补了内蒙古草地植物种子形态显微研究的空白。

在本书的编撰过程中，我们不畏艰难，深入广袤的草原，收集了大量珍贵的植物种子样本，并进行了极为细致的观察与记录。我们始终秉持着科学的态度和严谨的方法，力求准确地描述每一种植物种子的形态特征，确保本书内容的权威性与准确性。在此，我们满怀感激之情地向所有为本书的编写提供大力支持和无私帮助的人员致以最诚挚的谢意，是他们的辛勤付出与无私奉献，才使得这本书得以顺利地与读者见面。

由于著者知识水平有限，书中难免会存在疏漏或不足之处，敬请广大读者不吝指正。

著者

2024 年 12 月

目　录

前言

001 假松……2
002 侧柏……3
003 膜果麻黄……4
004 木贼麻黄……5
005 蒙桑……6
006 葎草……7
007 沙拐枣……8
008 头状沙拐枣……9
009 心形沙拐枣……10
010 沙木蓼……11
011 红蓼……12
012 梭梭……13
013 短叶假木贼……14
014 盐爪爪……15
015 平卧碱蓬……16
016 木本猪毛菜……17
017 珍珠猪毛菜……18
018 刺沙蓬……19
019 白茎盐生草……20
020 沙蓬……21
021 华北驼绒藜……22
022 地肤……23
023 碱地肤……24
024 西伯利亚滨藜……25
025 中亚滨藜……26
026 轴藜……27
027 合头藜……28
028 裸果木……29
029 繁缕……30
030 沙地繁缕……31
031 雀舌草……32
032 大花剪秋罗……33
033 光萼女娄菜……34
034 瞿麦……35
035 麦蓝菜……36
036 芍药……37
037 短瓣金莲花……38
038 耧斗菜……39
039 华北耧斗菜……40
040 展枝唐松草……41
041 白头翁……42
042 毛茛……43
043 短尾铁线莲……44
044 西伯利亚乌头……45
045 北乌头……46
046 鄂尔多斯小檗……47
047 五味子……48
048 角茴香……49
049 紫堇……50
050 沙芥……51
051 毛果群心菜……52
052 菥蓂……53
053 芥菜……54
054 垂果大蒜芥……55
055 珍珠梅……56
056 水栒子……57
057 黑果栒子……58
058 灰栒子……59
059 杜梨……60
060 山荆子……61
061 山刺玫……62
062 委陵菜……63
063 蒙古扁桃……64

064 毛樱桃 ……65
065 欧李 ……66
066 稠李 ……67
067 砂生槐 ……68
068 苦豆子 ……69
069 苦参 ……70
070 细叶百脉根 ……71
071 花木蓝 ……72
072 紫穗槐 ……73
073 苦马豆 ……74
074 甘草 ……75
075 圆果甘草 ……76
076 二色棘豆 ……77
077 草珠黄芪 ……78
078 达乌里黄芪 ……79
079 细叶黄芪 ……80
080 扁茎黄芪 ……81
081 沙打旺 ……82
082 草木樨状黄芪 ……83
083 柠条 ……84
084 铃铛刺 ……85
085 野豌豆 ……86
086 黄香草木樨 ……87
087 短茎岩黄芪 ……88
088 细枝羊柴 ……89
089 羊柴 ……90
090 胡枝子 ……91
091 宿根亚麻 ……92
092 大白刺 ……93
093 泡泡刺 ……94
094 蝎虎驼蹄瓣 ……95
095 北芸香 ……96
096 白鲜 ……97
097 西伯利亚远志 ……98
098 火炬树 ……99
099 白杜 ……100
100 南蛇藤 ……101
101 文冠果 ……102
102 酸枣 ……103
103 乌头叶蛇葡萄 ……104
104 野西瓜苗 ……105
105 红砂 ……106
106 柽柳 ……107
107 半日花 ……108
108 紫花地丁 ……109
109 中国沙棘 ……110
110 千屈菜 ……111
111 柳兰 ……112
112 月见草 ……113
113 刺五加 ……114
114 人参 ……115
115 防风 ……116
116 蛇床 ……117
117 短毛独活 ……118
118 华北前胡 ……119
119 当归 ……120
120 白芷 ……121
121 内蒙西风芹 ……122
122 细枝补血草 ……123
123 黄花补血草 ……124
124 水曲柳 ……125
125 连翘 ……126
126 羽叶丁香 ……127
127 鳞叶龙胆 ……128
128 达乌里龙胆 ……129
129 罗布麻 ……130
130 华北白前 ……131
131 地梢瓜 ……132
132 萝藦 ……133
133 菟丝子 ……134
134 南方菟丝子 ……135
135 大果琉璃草 ……136
136 荆条 ……137
137 黄芩 ……138
138 夏枯草 ……139
139 藿香 ……140
140 大花荆芥 ……141
141 串铃草 ……142
142 益母草 ……143
143 薄荷 ……144
144 丹参 ……145
145 香薷 ……146
146 密花香薷 ……147
147 黑果枸杞 ……148

148 酸浆 …… 149
149 假酸浆 …… 150
150 龙葵 …… 151
151 黄花刺茄 …… 152
152 地黄 …… 153
153 婆婆纳 …… 154
154 梓树 …… 155
155 透骨草 …… 156
156 兔儿尾苗 …… 157
157 茜草 …… 158
158 葱皮忍冬 …… 159
159 金花忍冬 …… 160
160 猬实 …… 161
161 接骨木 …… 162
162 败酱 …… 163
163 日本续断 …… 164
164 党参 …… 165
165 紫斑风铃草 …… 166
166 狭叶沙参 …… 167
167 轮叶沙参 …… 168
168 狗娃花 …… 169
169 中亚紫菀木 …… 170
170 欧亚旋覆花 …… 171
171 鬼针草 …… 172
172 小花鬼针草 …… 173
173 牛膝菊 …… 174
174 戈壁短舌菊 …… 175
175 甘菊 …… 176
176 紊蒿 …… 177
177 灌木亚菊 …… 178
178 百花蒿 …… 179
179 毛莲蒿 …… 180
180 栉叶蒿 …… 181
181 合耳菊 …… 182
182 苍术 …… 183
183 猬菊 …… 184
184 火媒草 …… 185
185 大刺儿菜 …… 186
186 帚状鸦葱 …… 187
187 蒲公英 …… 188
188 还阳参 …… 189
189 东方泽泻 …… 190
190 硬质早熟禾 …… 191
191 无芒雀麦 …… 192
192 披碱草 …… 193
193 大针茅 …… 194
194 小针茅 …… 195
195 戈壁针茅 …… 196
196 芨芨草 …… 197
197 荻 …… 198
198 白茅 …… 199
199 扁秆荆三棱 …… 200
200 鸭跖草 …… 201
201 扁茎灯芯草 …… 202
202 茖葱 …… 203
203 野韭 …… 204
204 蒙古韭 …… 205
205 碱韭 …… 206
206 贺兰韭 …… 207
207 细叶百合 …… 208
208 小黄花菜 …… 209
209 兴安天门冬 …… 210
210 玉竹 …… 211
211 黄精 …… 212
212 马蔺 …… 213
213 射干 …… 214

参考文献 …… 215

中文名索引 …… 217

学名索引 …… 220

001 偃松 *Pinus pumila* (Pall.) Regel

松科 Pinaceae
松属 *Pinus*

蒙　　名 雅布干 - 那日苏。

别　　名 千叠松。

种子形态 种子生于种鳞腹面下部的凹槽中，三角状倒卵圆形，微扁，无翅，仅周围有微隆起的鳞脊。大小为 7.83（7.62～7.86）mm × 7.30（7.19～7.32）mm。

种子功效 种子含有 100 多种对人体有益的成分，具有独特的生理保健功能。种子可榨油食用，也可加工成高级食品。

花　　期 6～7 月。

果　　期 9 月。

生　　境 生于土层浅薄、气候寒冷的高山上部、阴湿地带。

采 集 地 采自额尔古纳市莫尔道嘎镇莫尔道嘎森林公园等地。

002 侧柏

Platycladus orientalis (L.) Franco

柏科 Cupressaceae
侧柏属 *Platycladus*

蒙　　名 哈布他盖 - 阿日查。

别　　名 香柏。

种子形态 种子椭圆形或卵圆形，无翅，或顶端有短膜，种脐大而明显。大小为 4.32（3.94～4.67）mm × 2.58（2.04～2.69）mm。

种子功效 种子可入中药，可治惊悸、失眠、遗精、盗汗、便秘等症状。

花　　期 3～4 月。

果　　期 10 月。

生　　境 生于干燥贫瘠的山坡、裸露的石崖缝或黄土覆盖的石质山坡上。

采 集 地 采自呼和浩特市大青山等地。

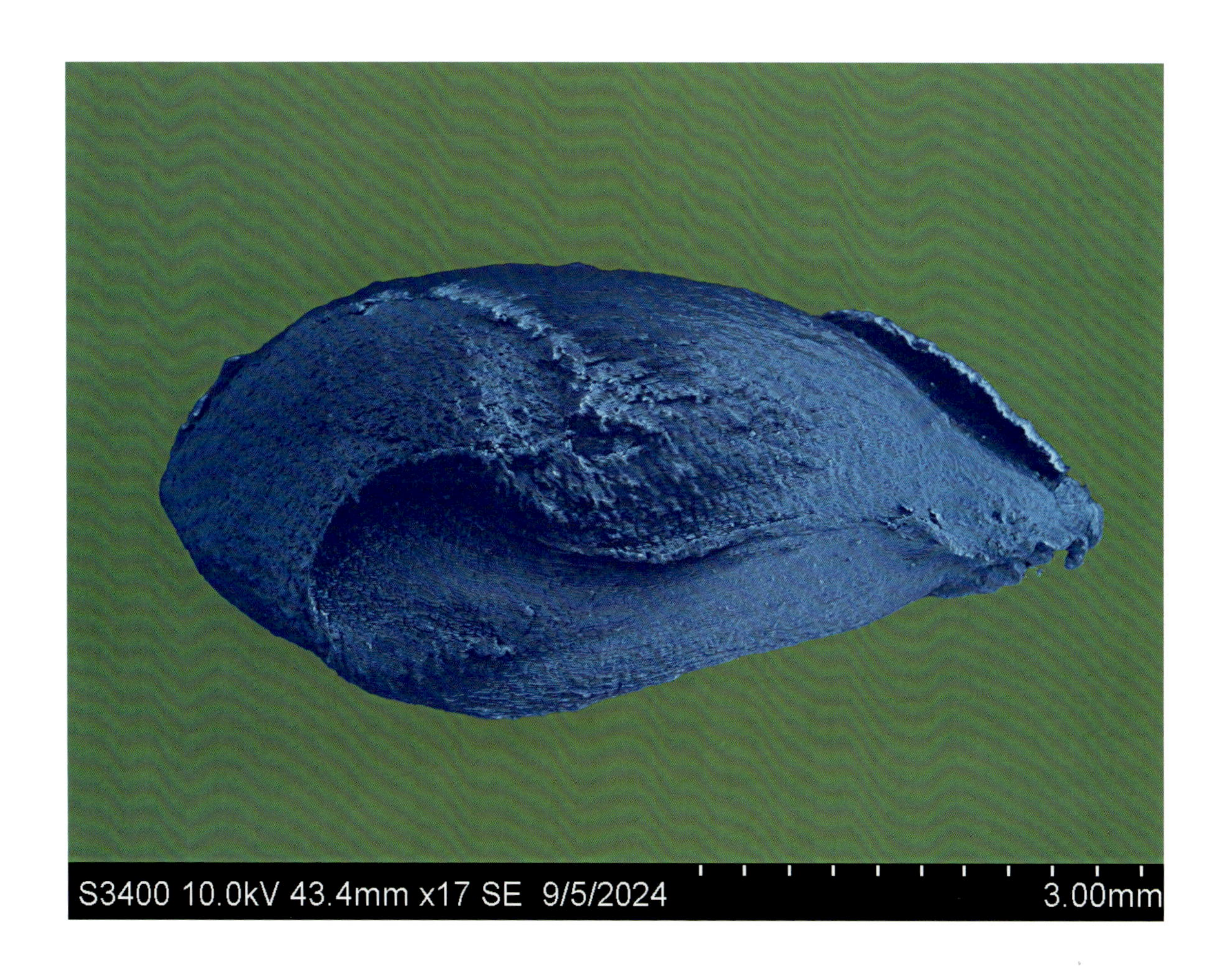

003 膜果麻黄 *Ephedra przewalskii* Stapf

麻黄科 Ephedraceae
麻黄属 *Ephedra*

蒙　　名　协日 - 哲格日根讷。

别　　名　喀什膜果麻黄。

种子形态　种子通常 3，稀 2，包于膜质苞片内，暗褐红色，长卵圆形，顶端细窄成尖突状，表面常有细密纵裂纹。大小为 3.77（3.37～4.09）mm × 1.39（1.16～1.51）mm。

种子功效　可用于提取麻黄碱。

花　　期　6 月。

果　　期　9 月。

生　　境　生于干燥荒漠地区及干旱山麓。常与梭梭、柽柳、沙拐枣等旱生植物伴生。

采 集 地　采自阿拉善左旗巴彦诺日公苏木等地。

004 木贼麻黄

Ephedra equisetina Bunge

麻黄科 Ephedraceae
麻黄属 *Ephedra*

蒙　　名 哈日 - 哲格日根讷。

别　　名 山麻黄。

种子形态 种子通常 1 粒，窄长卵圆形，顶端窄缩成颈柱状，基部渐窄圆，具明显的点状种脐。大小为 4.34（4.00～4.67）mm × 3.00（2.50～3.50）mm。

种子功效 种子生物碱的含量较其他种类高，是提制麻黄碱的重要原料。种子味辛、苦，性温，有发汗散寒、宣肺平喘、利水消肿的功效，可用于治疗风寒感冒、支气管炎等。

花　　期 5～6 月。

果　　期 8～9 月。

生　　境 生于干旱与半干旱地区的山顶、山谷、河谷、沙地。

采 集 地 采自锡林郭勒盟锡林浩特市阿巴嘎旗等地。

005 蒙桑

Morus mongolica (Bureau) C. K. Schneid.

桑科 Moraceae
桑属 *Morus*

蒙　　名 蒙古栎 - 衣拉马。

别　　名 山桑。

种子形态 种子近球形，胚乳丰富，胚内弯，子叶椭圆形，胚根向上内弯。大小为 1.83（1.31～2.05）mm × 1.25（1.17～1.58）mm。

种子功效 种子含脂肪油，可榨油制香皂用。

花　　期 3～4 月。

果　　期 4～5 月。

生　　境 生于森林草原带和草原带的向阳山坡、山麓、丘陵、低地、沟谷或疏林中。

采 集 地 采自兴安盟科尔沁右翼前旗等地。

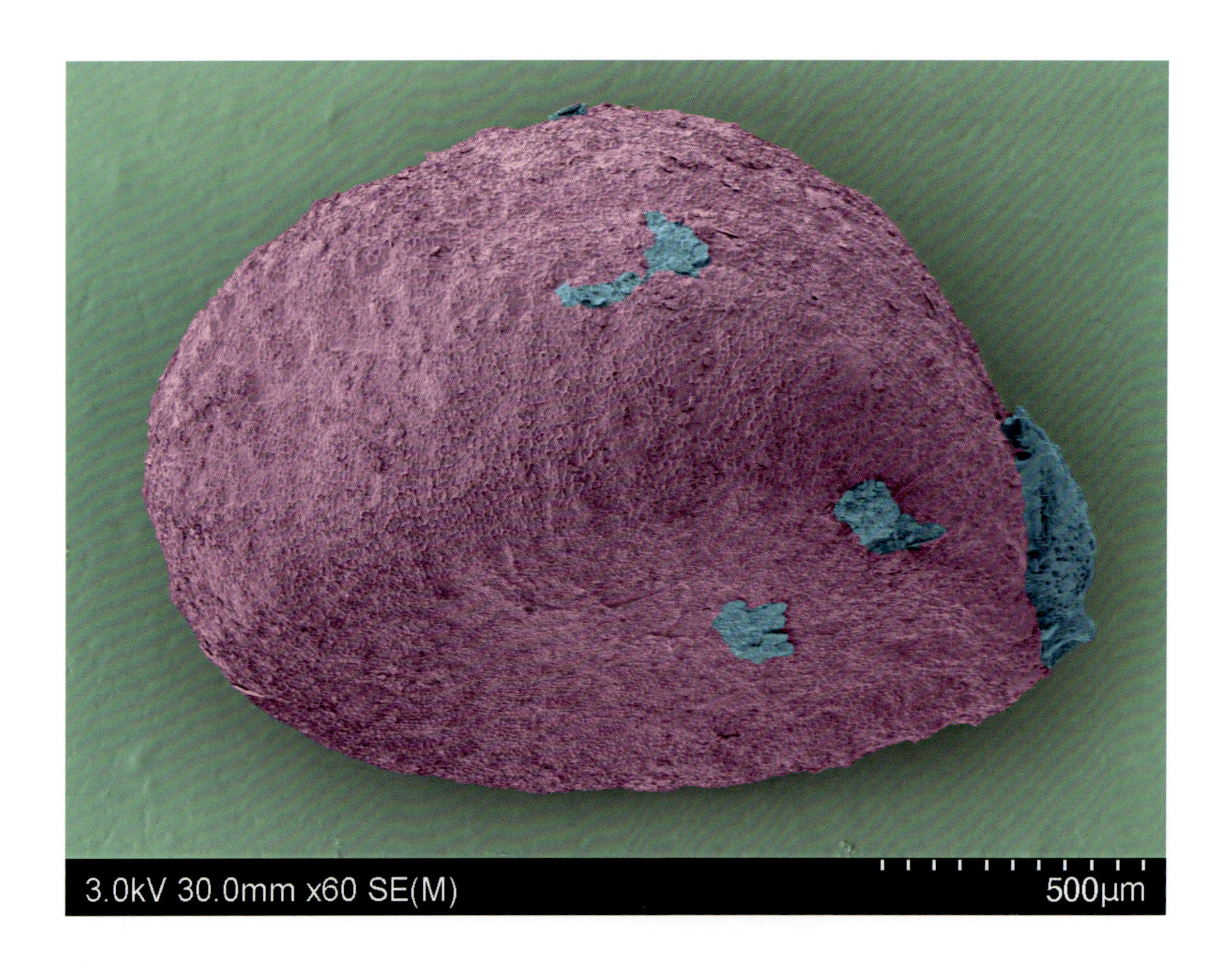

006 葎草 *Humulus scandens* (Lour.) Merr.

大麻科 Cannabaceae
葎草属 *Humulus*

蒙　　名 朱日给。

别　　名 拉拉秧。

种子形态 种子球果状，苞片纸质，三角形，子房被苞片包围，瘦果成熟时露出苞片外。大小为 3.95（3.90～3.96）mm × 3.92（3.90～3.95）mm。

种子功效 种子油可制肥皂。

花　　期 7～8 月。

果　　期 8～9 月。

生　　境 生于沟边、荒地、废墟、林缘边。

采 集 地 采自鄂尔多斯市伊金霍洛旗等地。

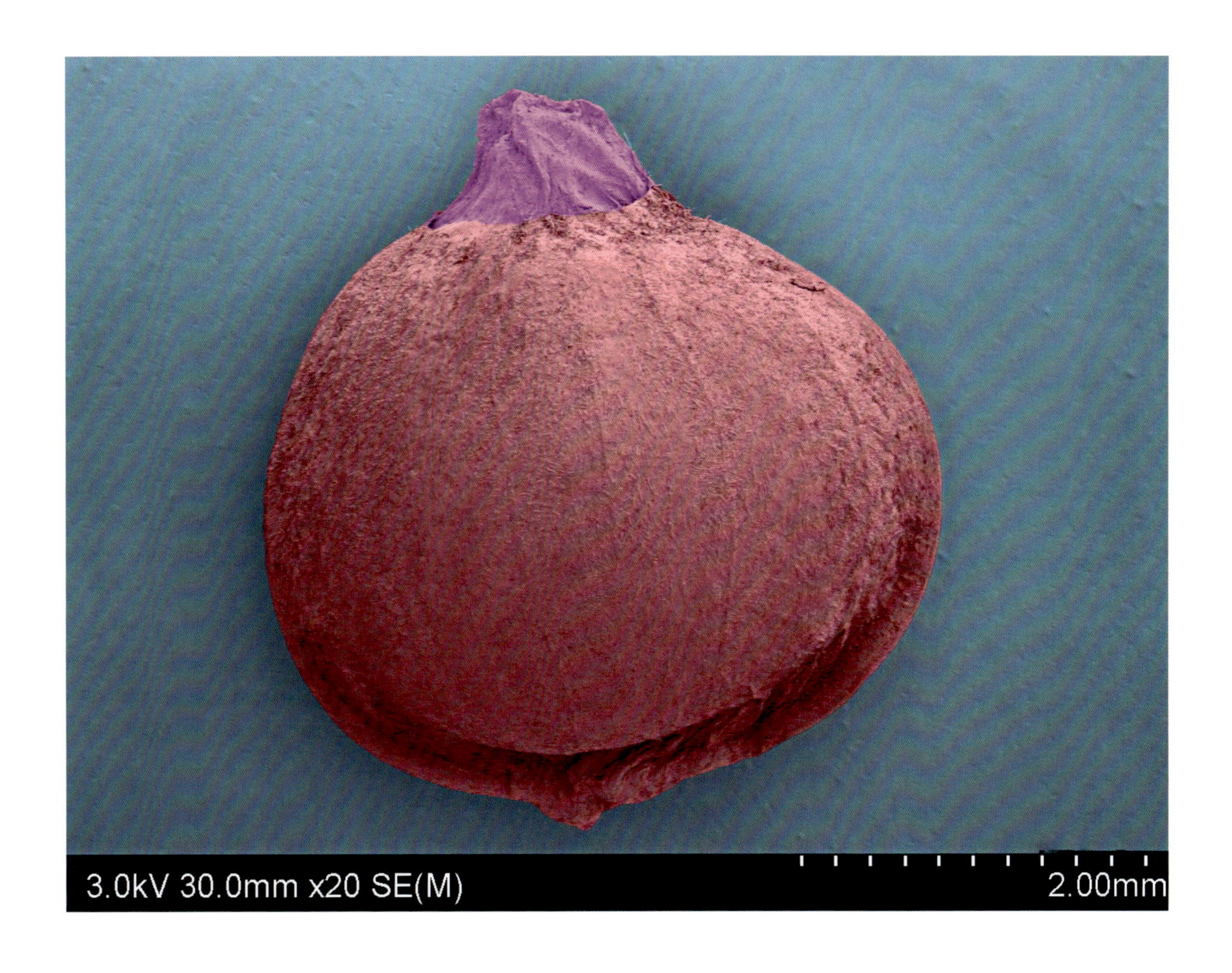

007 沙拐枣 *Calligonum mongolicum* Turcz.

蓼科 Polygonaceae
沙拐枣属 *Calligonum*

蒙　　名 淘存 - 淘日乐格。

别　　名 蒙古沙拐枣。

种子形态 种子呈椭圆形或椭球形，果脊凸起，表面具凹槽状纹理，每肋具 2～3 行刺，稠密或较稀疏，刺二至三回叉状分枝；大小为 10.30（10.18～10.41）mm × 9.60（9.56～9.73）mm。

种子功效 种子具有清热解毒、利尿通淋、止咳平喘及改善消化功能等药用功效，可缓解发热、咽喉肿痛、小便不利、咳嗽气喘、消化不良等症状。

花　　期 8～7 月。

果　　期 6～8 月。

生　　境 广泛生于典型荒漠区、荒漠草原区的流动沙地、半流动沙地、覆沙戈壁、砂质坡地或干河床上，为砂质荒漠群落的重要建群种。

采 集 地 采自鄂尔多斯市库布齐沙漠等地。

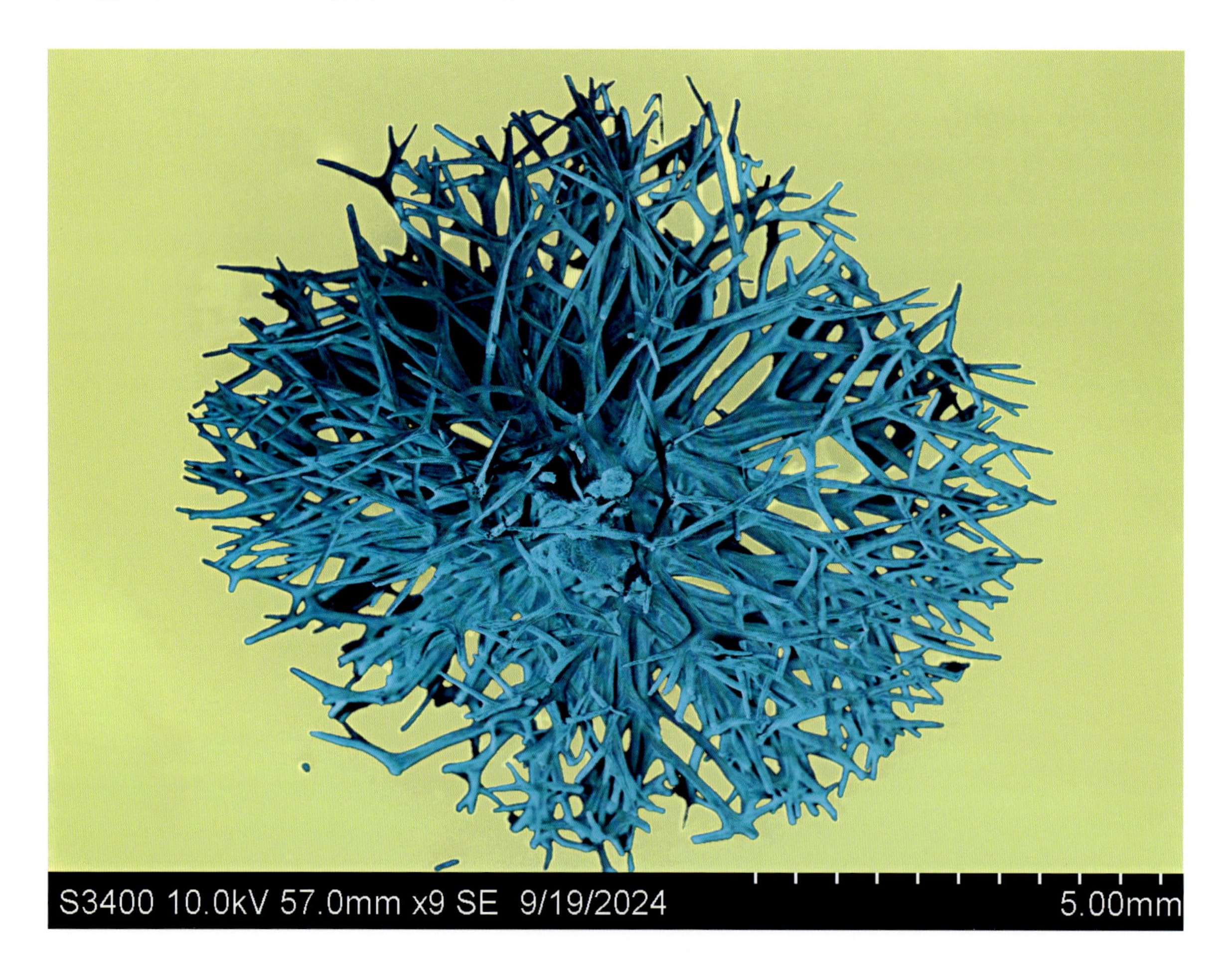

008 头状沙拐枣

Calligonum caput-medusae Schrenk

蓼科 Polygonaceae
沙拐枣属 *Calligonum*

蒙　　名　托格套赫 - 策策根 - 莫德。

别　　名　头发草。

种子形态　种子呈椭圆形或圆球状，表面密布网状凸起，每肋具 2 行刺，分叉排列，基部稍膨大，外被稀疏柔毛，整体结构立体分明；大小为 12.9（12.3～13.1）mm × 11.2（11.1～11.5）mm。

种子功效　种子兼具清热降火、止咳平喘、利尿通淋、润肠通便等药用功效。

花　　期　4～5 月。

果　　期　5～6 月。

生　　境　广泛生于典型荒漠区、荒漠草原区的流动沙地、半流动沙地、覆沙戈壁、砂质坡地或干河床上，为砂质荒漠群落的重要建群种。

采 集 地　采自鄂尔多斯市库布齐沙漠等地。

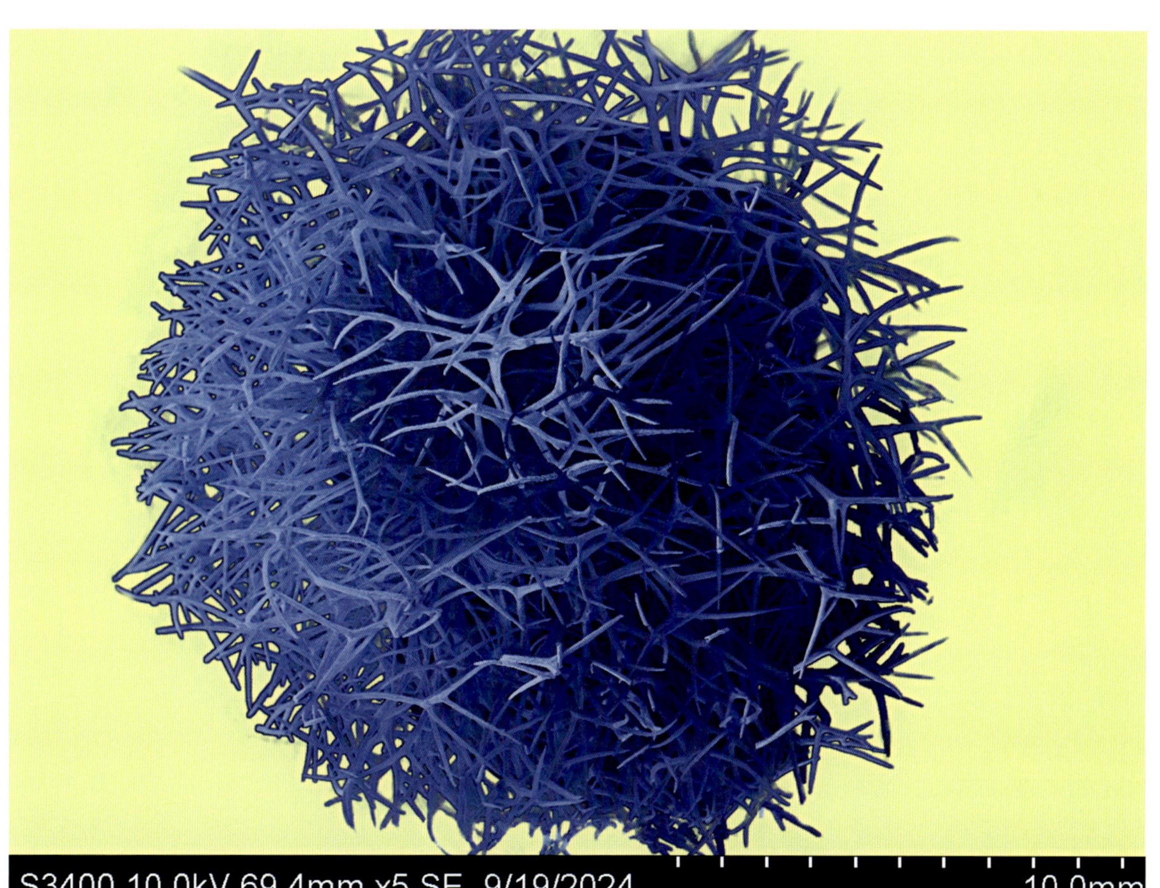

009 心形沙拐枣 *Calligonum cordatum* E. Kor. ex N. Pavl.

蓼科 Polygonaceae
沙拐枣属 *Calligonum*

蒙　　名 胡和儿 - 托格套赫 - 策策根 - 莫德。

种子形态 瘦果（包括翅与刺）心状卵形或卵圆形，微扭转，肋突出且锐，具翅；长 13～18mm，宽 11～16mm；翅近膜质，稍具光泽，宽 2～3.5mm，基部近心形，表面有淡黄色网纹，边缘稍皱，具齿，齿延伸成刺；刺较软，长与翅宽近相等，不分支或上端 2 叉分支；大小为 14.2（13.9～14.4）mm × 5.1（4.9～5.3）mm。

种子功效 具有抗炎、抗菌、抗氧化、滋补强壮、改善消化功能等药用功效。

花　　期 4～5 月。

果　　期 5 月。

生　　境 广泛生于典型荒漠区、荒漠草原区的流动沙地、半流动沙地、覆沙戈壁、砂质坡地或干河床上，为沙质荒漠群落的重要建群种。

采 集 地 采自乌海市金沙湾生态旅游区等地。

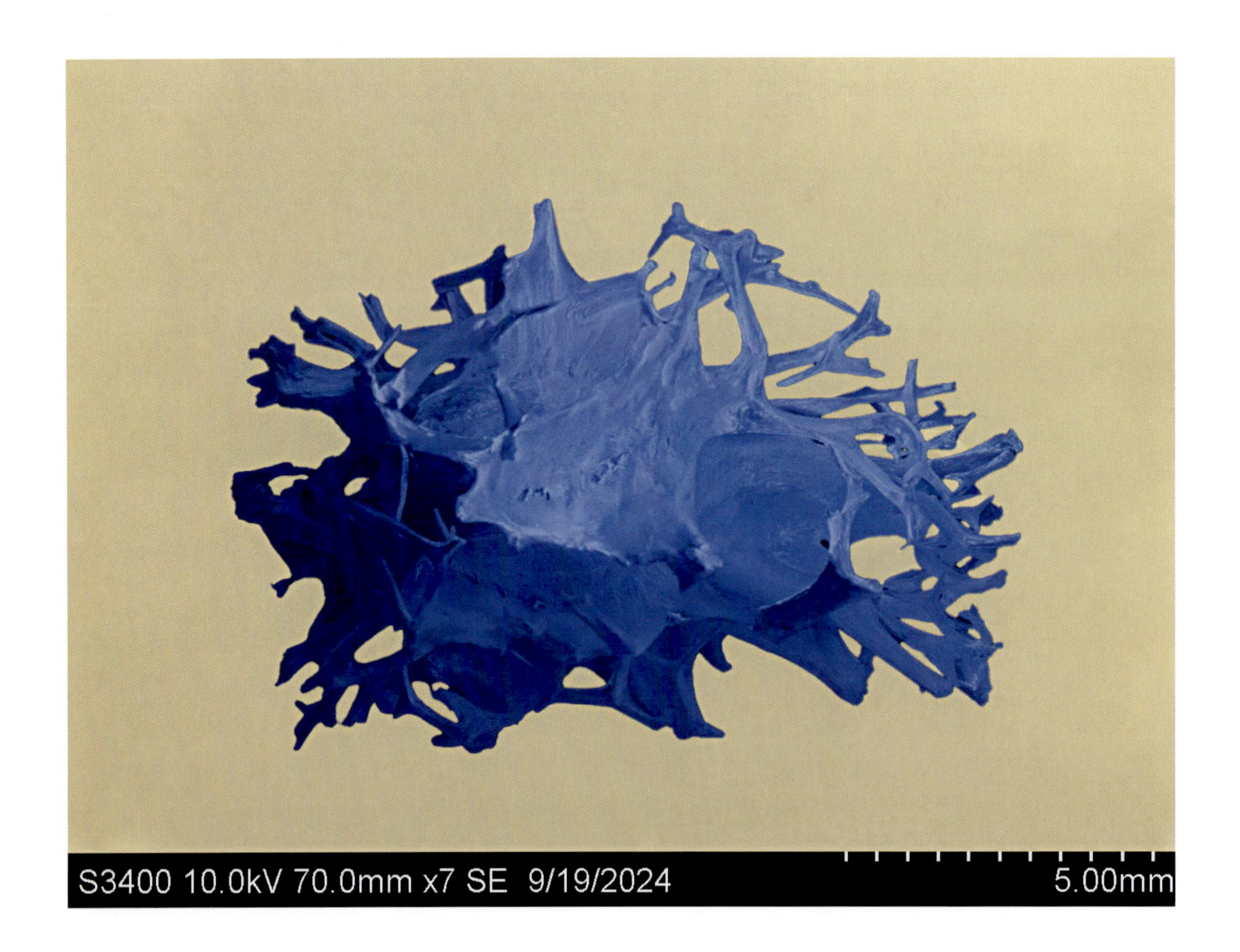

010 沙木蓼
Atraphaxis bracteata Losinsk.

蓼科 Polygonaceae
木蓼属 *Atraphaxis*

蒙　　名　额木根 - 希力毕。

别　　名　灌木蓼。

种子形态　种子呈卵形，表面光滑，有 3 棱，边缘略显弯曲，整体外观平整简洁；大小为 4.46（4.03～4.81）mm × 1.83（1.52～1.86）mm。

种子功效　种子具有润肠通便、止咳平喘、安神助眠、抗炎消肿等药用功效，补充营养、增强免疫力等保健功效。

花 果 期　6～8 月。

生　　境　生于荒漠区和荒漠化草原带的流动、半流动沙丘中下部，也出现于石质残丘坡地或沟谷岩石缝处的沙土上。

采 集 地　采自锡林郭勒盟多伦县等地。

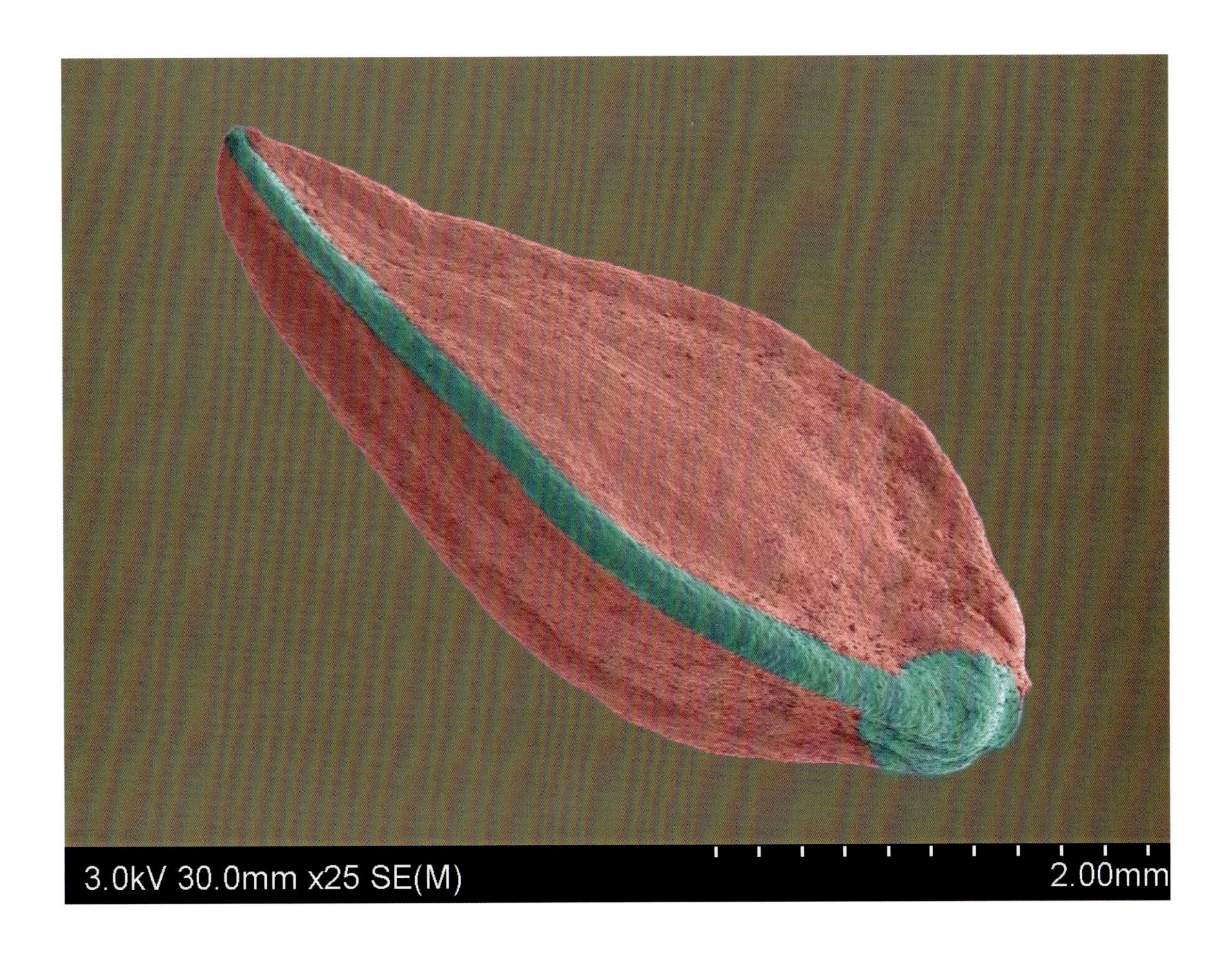

011 红蓼
Persicaria orientalis (L.) Spach

蓼科 Polygonaceae
蓼属 *Persicaria*

蒙　　名　乌兰 - 呼恩底。
别　　名　荭草。
种子形态　瘦果近球形，扁平，双凹，包于宿存花被内；大小为 2.78（2.61～2.86）mm × 2.57（2.55～2.63）mm。
种子功效　种子可入药，有活血、止痛、消积、利尿等功效。
花　　期　6～9 月。
果　　期　8～10 月。
生　　境　生于沟边湿地、村边路旁。
采 集 地　采自赤峰市红山区等地。

012 梭梭

Haloxylon ammodendron (C. A. Mey.) Bunge

苋科 Amaranthaceae
梭梭属 *Haloxylon*

蒙　　名 札格。

别　　名 梭梭柴。

种子形态 种子呈卵圆形，表面粗糙，有凸起和凹陷，分布着绿色小斑点，中央有环形凹陷；大小为 2.51（2.14～2.73）mm × 2.15（2.09～2.61）mm。

种子功效 种子具有滋补、强壮身体、抗氧化、润肠通便等保健功效。

花　　期 5～7 月。

果　　期 9～10 月。

生　　境 生于沙丘、盐碱土荒漠、河边沙地等处。

采 集 地 采自阿拉善盟阿拉善旗左旗等地。

013 短叶假木贼 *Anabasis brevifolia* C. A. Mey.

苋科 Amaranthaceae
假木贼属 *Anabasis*

蒙　　名　巴嘎乐乌日。
别　　名　鸡爪柴。
种子形态　种子形状不规则，表面有明显的褶皱和起伏，具一些类似脉络的纹理，这些纹理呈现出不规则的走向；大小为 1.94（1.69～2.13）mm × 910（861～934）μm。
种子功效　种子具有一定的药用价值，如抗炎镇痛、祛痰止咳等。
花　　期　7～8 月。
果　　期　9 月。
生　　境　生于戈壁、冲积扇、干旱山坡等处。
采 集 地　采自阿拉善盟额济纳旗等地。

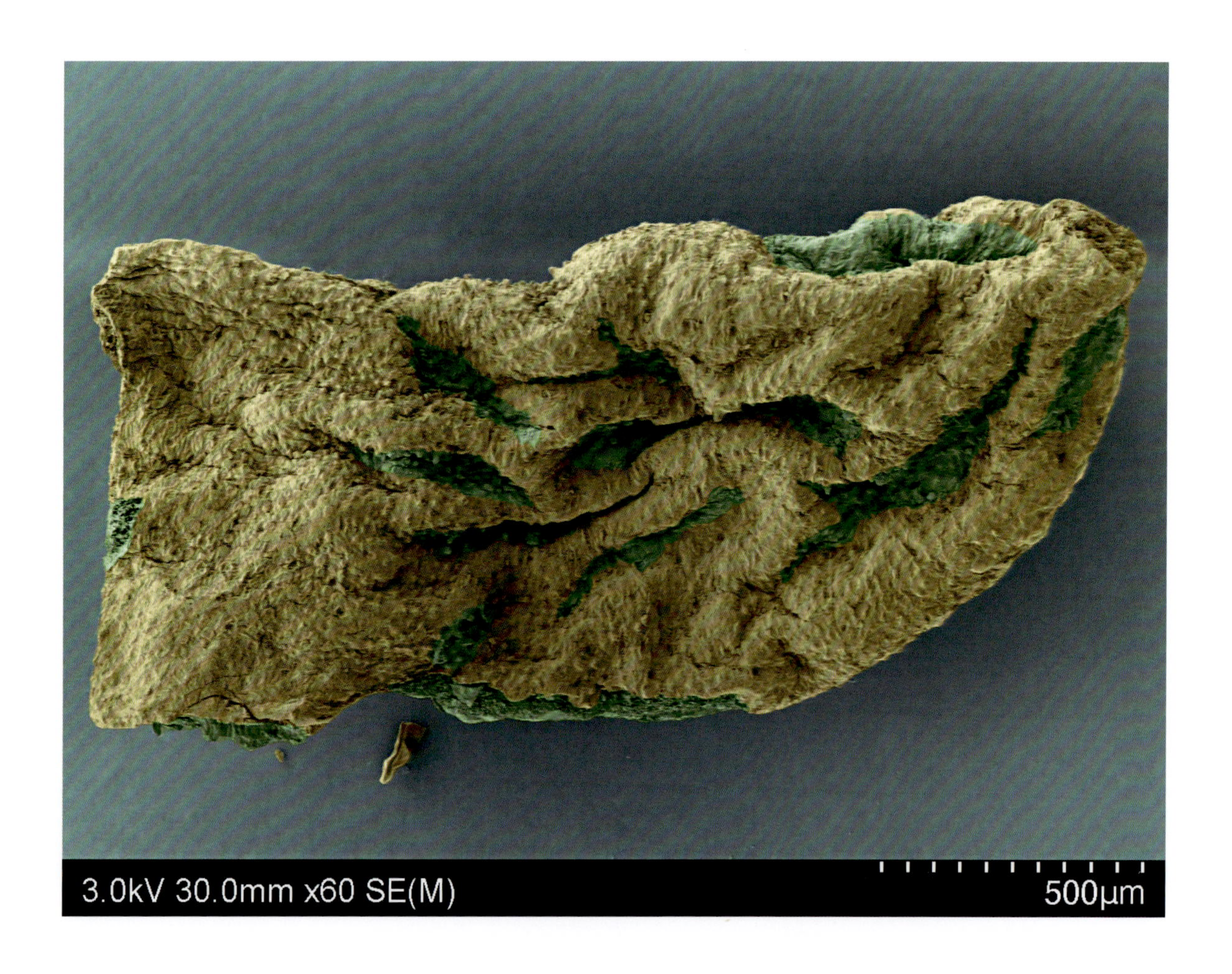

014 盐爪爪
Kalidium foliatum (Pall.) Moq.

苋科 Amaranthaceae
盐爪爪属 *Kalidium*

蒙　　名 巴达日格纳。

别　　名 碱柴。

种子形态 种子直立，近圆形，密生乳头状小凸起。大小为 799（747～803）μm × 702（694～711）μm。

种子功效 种子可磨成粉，食用，也可饲喂牲畜。

花 果 期 7～8 月。

生　　境 广布于草原区和荒漠区的盐碱土、潮湿疏松的盐土、湖盆外围、盐湿低地和沙化沙土上形成的大面积盐湿荒漠，也常以伴生种或亚优势种出现于芨芨草盐化草甸中。

采 集 地 采自呼伦贝尔市海拉尔区等地。

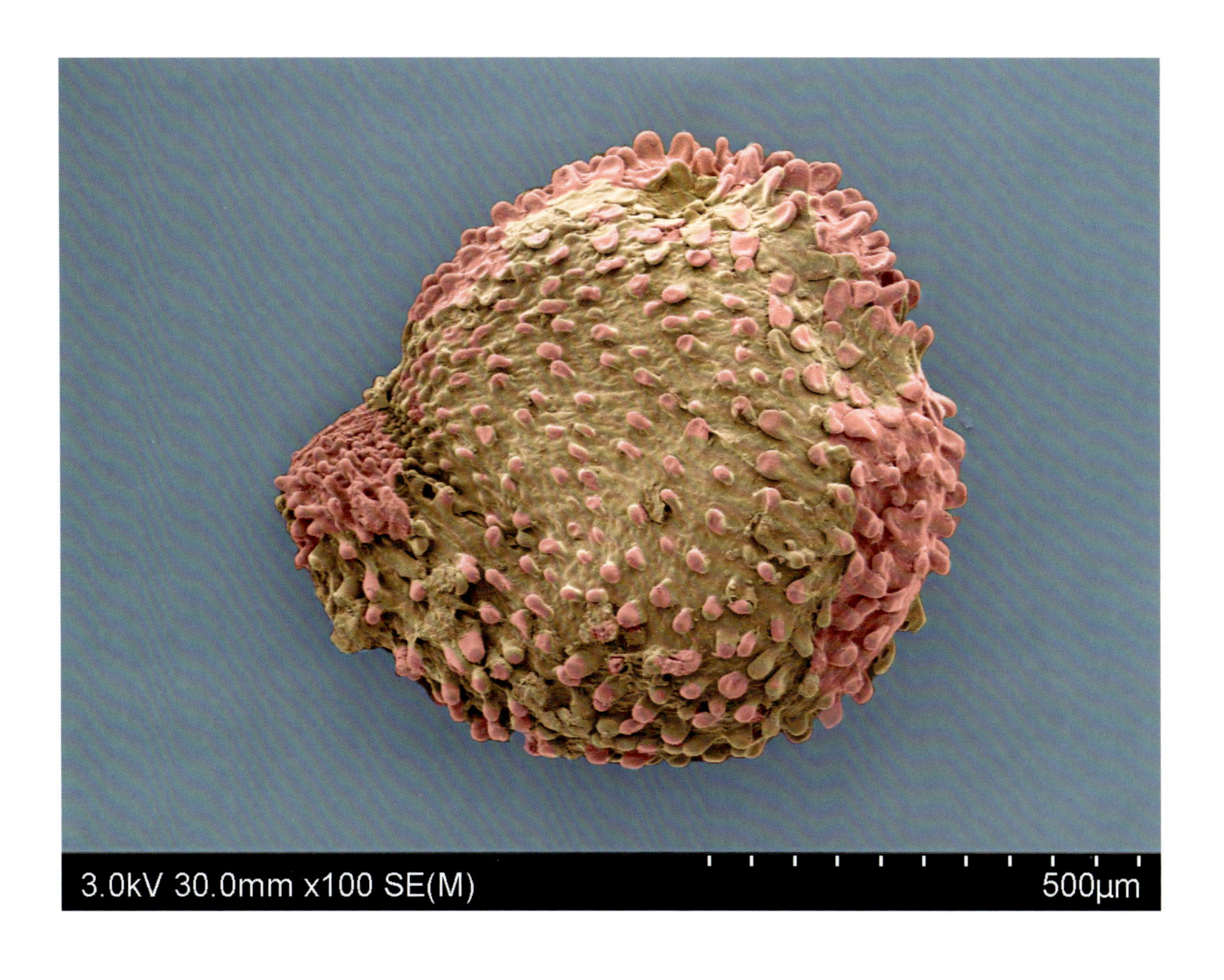

015 平卧碱蓬 *Suaeda prostrata* Pall.

苋科 Amaranthaceae
碱蓬属 *Suaeda*

蒙　　名　和布特格 - 和日斯。

种子形态　种子呈双凸镜形或扁卵形，表面具清晰的蜂窝状点纹，稍有光泽；大小为 2.79（2.67～2.90）mm × 2.10（2.03～2.22）mm。

种子功效　种子兼具清热祛湿、明目等药用功效，具补充营养、调节血脂等保健功能，植被供野生动物食用。

花 果 期　7～10 月。

生　　境　生于草原或荒漠区的盐碱地或重盐渍化土壤，在盐碱化的湖边、河岸和洼地常形成群落，为盐生植物群落的建群种之一。

采 集 地　采自阿拉善盟额济纳旗等地。

016 木本猪毛菜
Xylosalsola arbuscula (Pall.) Tzvelev

苋科 Amaranthaceae
木猪毛菜属 *Xylosalsola*

蒙　　名　查干 - 保德日干纳。
别　　名　白木猪毛菜。
种子形态　种子形状不规则，具有明显的扇形纹理，纹理细致且呈规律性排列，表面较为平滑；大小为 4.86（4.64～4.93）mm × 4.21（4.11～4.36）mm。
种子功效　种子具有平肝潜阳、润肠通便的药用功效；可供牲畜食用。
花　　期　6～8 月。
果　　期　9～10 月。
生　　境　生于荒漠区的覆沙戈壁和干河床上，也见于戈壁径流线上，在荒漠群落中多为伴生种，也可成为建群种。
采 集 地　采自阿拉善盟额济纳旗等地。

017 珍珠猪毛菜
Caroxylon passerinum (Bunge) Akhani & Roalson

苋科 Amaranthaceae
珍珠柴属 *Caroxylon*

蒙　　名　保日 - 保德日干纳。

别　　名　珍珠柴。

种子形态　种子近似圆形，整体呈红褐色，表面有不规则黄色斑块和分层纹理，中间有深色凹陷区域；大小为 2.43（2.16～2.57）mm × 2.34（2.29～2.61）mm。

种子功效　种子具有清热平肝、镇静安神及润肠通便等药用功效。

花 果 期　6～10 月。

生　　境　生于荒漠区的砾石质、沙砾质戈壁或黏质土壤及荒漠草原带及盐碱湖盆地中。

采 集 地　采自巴彦淖尔市乌拉特后旗等地。

018 刺沙蓬 *Salsola tragus* L.

苋科 Amaranthaceae
猪毛菜属 *Salsola*

蒙　　名　乌恩格斯图 - 哈木呼乐。
别　　名　苏联猪毛菜。
种子形态　种子呈瓣状，似花朵形状，中心有凹陷；大小为 2.67（2.61～2.69）mm × 2.45（2.43～2.47）mm。
种子功效　种子具有平肝降压、明目止痒及润肠通便等药用功效。
花　　期　7～9 月。
果　　期　9～10 月。
生　　境　沙丘、沙地及山谷。
采 集 地　采自鄂尔多斯市乌审旗等地。

019 白茎盐生草 *Halogeton arachnoideus* Moq.

苋科 Amaranthaceae
盐生草属 *Halogeton*

蒙　　名 好希 - 哈麻哈格。

别　　名 蛛丝蓬。

种子形态 种子呈螺旋状或盘状，表面有明显的纹理和淡蓝色或紫色的点缀；大小为 1.27（1.16～1.53）mm × 1.07（1.03～1.22）mm。

种子功效 种子具有清热祛湿、解毒消肿及明目等药用功效。

花 果 期 7～9 月。

生　　境 干旱山坡、沙地和河滩。

采 集 地 采自乌兰察布市商都县等地。

020 沙蓬
Agriophyllum pungens (Vahl) Link

苋科 Amaranthaceae
沙蓬属 *Agriophyllum*

蒙　　名　楚力给日。

别　　名　沙米。

种子形态　种子近圆形，扁平，光滑；大小为 1.87（1.69～2.01）mm × 1.48（1.36～1.54）mm。

种子功效　种子具有健脾消食、止咳平喘及通便利尿等药用功效；具有补充营养、促进肠道健康的食用功能。

花 果 期　8～10 月。

生　　境　生于流动、半流动沙地和沙丘，在草原区沙地和荒漠区沙漠中分布极为广泛。

采 集 地　采自包头市固阳县等地。

021 华北驼绒藜

Krascheninnikovia arborescens (Losinsk.) Czerep.

苋科 Amaranthaceae
驼绒藜属 *Krascheninnikovia*

蒙　　名 冒日音 - 特斯格。

别　　名 驼绒蒿。

种子形态 种子呈细长的纤维状或放射状结构；大小为 5.19（5.03～5.44）mm × 4.09（3.83～4.31）mm。

种子功效 种子具有滋补肝肾、健脾胃及固精明目等药用功效；可为野生动物提供食物。

花 果 期 7～9 月。

生　　境 固定沙丘、沙地、荒地或山坡上。

采 集 地 采自乌兰察布市察哈尔右翼前旗等地。

022 地肤
Bassia scoparia (L.) A. J. Scott

苋科 Amaranthaceae
沙冰藜属 *Bassia*

蒙　　名　疏日 - 诺高。
别　　名　扫帚菜。
种子形态　种子卵形或近圆形，稍有光泽；大小为 1.53（1.28～1.61）mm × 1.14（1.06～1.39）mm。
种子功效　种子具有清热利湿、祛风止痒及利尿通淋等药用功效。
花　　期　6～9 月。
果　　期　8～10 月。
生　　境　生于田边、路旁、荒地等处。
采 集 地　采自巴彦淖尔市乌拉特前旗等地。

023 碱地肤

Bassia scoparia (L.) Schrad. var. *sieversiana* (Pall.) Ulbr.

苋科 Amaranthaceae
沙冰藜属 *Bassia*

蒙　　名 好吉日萨格 - 道格特日戛纳。

别　　名 秃扫儿。

种子形态 种子呈螺旋状弯曲，表面覆盖有规则排列的疣状凸起，整体具有明显的纹理结构；大小为 1.97（1.51～2.16）mm × 1.39（1.26～1.52）mm。

种子功效 种子具有清热祛湿、利尿通淋、祛风止痒的药用功效，对缓解湿热黄疸、小便不利、皮肤瘙痒等有一定作用。

花　　期 6～9 月。

果　　期 8～10 月。

生　　境 生于田边、路旁、荒地等处。

采 集 地 采自乌海市海勃湾区等地。

024 西伯利亚滨藜 *Atriplex sibirica* L.

苋科 Amaranthaceae
滨藜属 *Atriplex*

蒙　　名　西伯日 - 绍日乃。

别　　名　麻落粒。

种子形态　种子直立，黄褐色至红褐色；大小为 3.75（3.41～3.94）mm × 3.41（3.36～3.51）mm。

种子功效　种子具有平肝明目、祛风除湿、通乳等药用功效，在改善眼部不适、缓解风湿痹痛等方面有一定作用。

花 果 期　7～9 月。

生　　境　生于盐碱荒漠、湖边、渠沿、河岸及固定沙丘等处。

采 集 地　采自通辽市开鲁县等地。

025 中亚滨藜
Atriplex centralasiatica Iljin

苋科 Amaranthaceae
滨藜属 *Atriplex*

蒙　　名　道木达 - 阿贼音 - 绍日乃。
别　　名　麻落粒。
种子形态　种子宽卵形或圆形，黄褐色或红褐色；大小为 4.61（4.36～4.83）mm × 3.94（3.64～4.02）mm。
种子功效　种子具有一定的平肝明目、祛风除湿、通经活血等药用功效，对缓解眼睛干涩、风湿痹痛、月经不调等症状有一定作用。
花 果 期　7～9 月。
生　　境　生于荒漠区和草原区的盐化、碱化、盐碱土壤上。
采 集 地　采自巴彦淖尔市磴口县等地。

026 轴藜

Axyris amaranthoides L.

苋科 Amaranthaceae
轴藜属 *Axyris*

蒙　　名 查干 - 图如。

别　　名 扫帚菜。

种子形态 种子呈狭长椭圆形，顶端略尖，基部具浅裂，表面光滑无明显纹饰；大小为 2.13（2.01～2.36）mm × 1.18（1.17～1.29）mm。

种子功效 种子具健脾消食、清肝明目、止血等药用功效，兼具补充营养、改善肠道功能等保健作用。

花 果 期 8～9 月。

生　　境 喜沙质地，常见于山坡、草地、荒地、河边、田间或路旁。

采 集 地 采自赤峰市阿鲁科尔沁旗等地。

027 合头藜 *Sympegma regelii* Bunge

苋科 Amaranthaceae
合头藜属 *Sympegma*

蒙　　名　哈日 - 额布苏。
别　　名　合头草。
种子形态　种子呈杯状，顶部裂成多片尖锐的凸起，表面具纵向纹理，整体结构较为立体；大小为 3.50（3.06～3.91）mm × 2.16（2.06～2.37）mm。
种子功效　种子具有清热祛湿、平肝潜阳、润肠通便等药用功效。
花 果 期　8～9 月。
生　　境　喜沙质地，常见于山坡、草地、荒地、河边、田间或路旁。
采 集 地　采自锡林郭勒盟东乌珠穆沁旗等地。

028 裸果木 *Gymnocarpos przewalskii* Maxim.

石竹科 Caryophyllaceae
裸果木属 *Gymnocarpos*

蒙　　名　乌兰 - 图列。

别　　名　瘦果石竹。

种子形态　种子呈细长纺锤形，顶端开裂成尖锐分叉，表面具皱缩纹理，内部中空结构明显；大小为 5.59（5.36～5.91）mm × 2.10（2.03～2.31）mm。

种子功效　关于其种子的功效，目前研究较为有限，有被用于缓解热症或炎症，如咽喉肿痛、疮疡的症状。

花　　期　5～6 月。

果　　期　7～8 月。

生　　境　耐干旱，多生于荒漠区的干河床、戈壁滩、砾石山坡。

采 集 地　采自阿拉善盟阿拉善左旗等地。

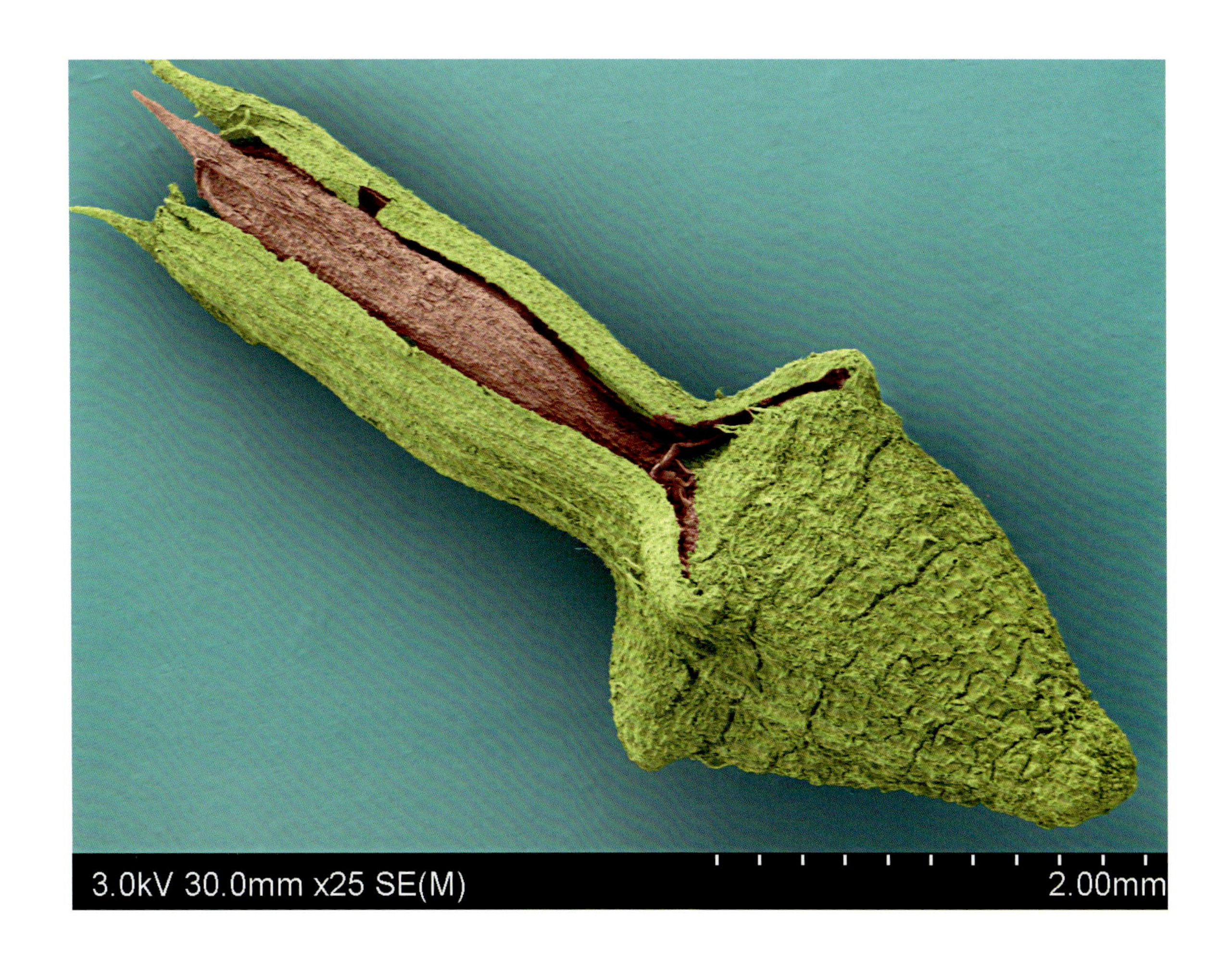

029 繁缕 *Stellaria media* (L.) Vill.

石竹科 Caryophyllaceae
繁缕属 *Stellaria*

蒙　　名 阿吉干纳。

别　　名 鹅肠菜。

种子形态 种子近似球形，表面有明显的褶皱和凹凸不平的纹理，整体看起来较为粗糙；大小为 1.15（1.12～1.17）mm × 1.02（1.01～1.04）mm。

种子功效 种子具有清热解毒、活血止痛、下乳消肿、利水消肿等药用功效，可用于热毒病症、跌打损伤、乳汁不下、水肿等多种症状的治疗与调理。

花　　期 6～7 月。

果　　期 7～8 月。

生　　境 生于村舍附近杂草地、农田。

采 集 地 采自赤峰市宁城县等地。

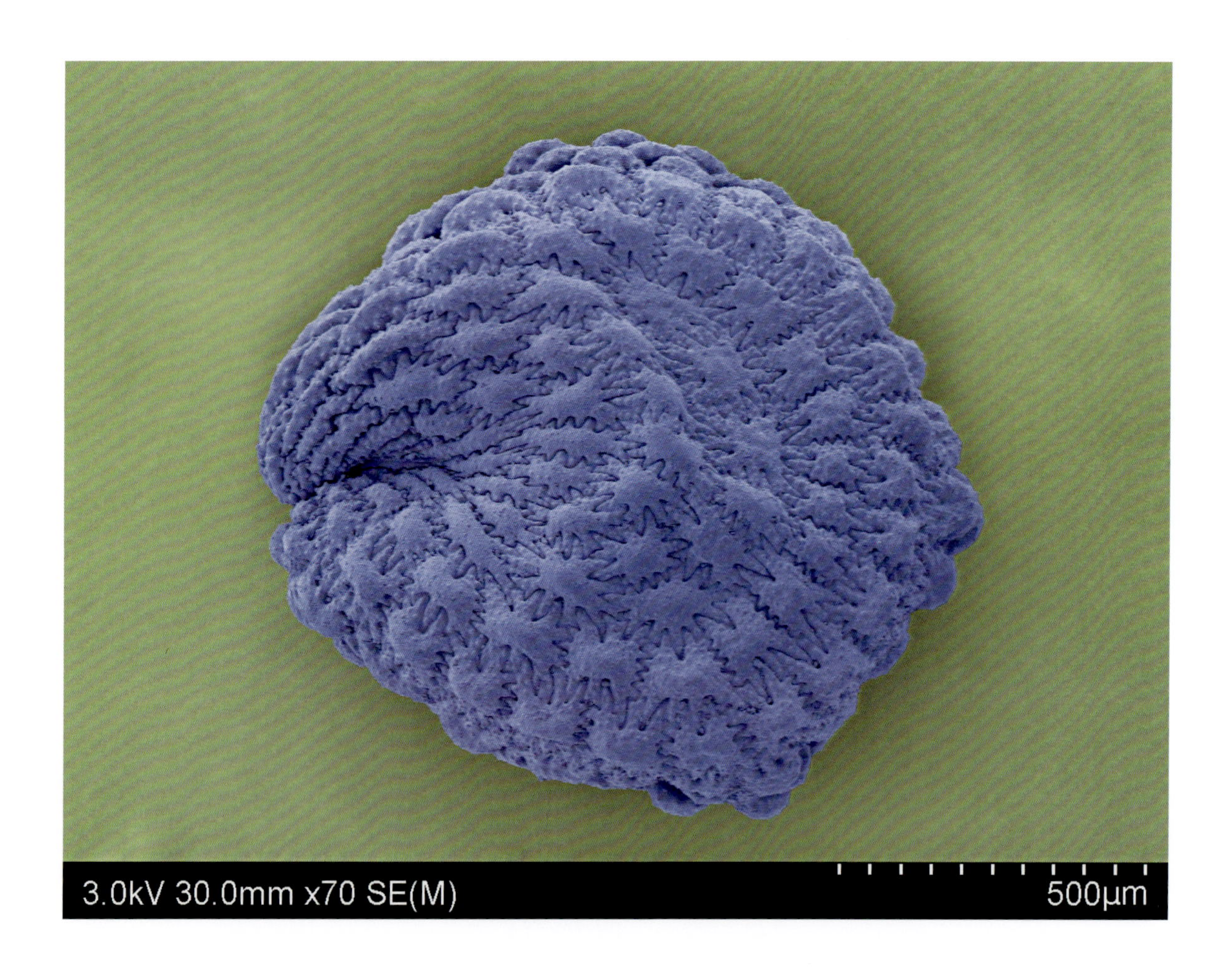

030 沙地繁缕
Stellaria gypsophyloides Fenzl

石竹科 Caryophyllaceae
繁缕属 *Stellaria*

蒙　　名　台日力格 - 阿吉干纳。

别　　名　霞草状繁缕。

种子形态　种子呈圆盘状，边缘略微不规则，表面覆盖细密鳞片状纹理，内部具有弯曲的条带状结构；大小为 1.91（1.73～2.06）mm × 1.47（1.19～1.62）mm。

种子功效　种子具有清热解毒、活血止痛、利尿通淋等药用功效及补充营养、促进消化等食用功效。

花 果 期　7～9 月。

生　　境　生于草原带的流动或半流动沙丘、沙地及荒漠草原。

采 集 地　采自锡林郭勒盟浑善达克沙地等地。

031 雀舌草
Stellaria alsine Grimm

石竹科 Caryophyllaceae
繁缕属 *Stellaria*

蒙　　名　和乐利格 - 阿吉干纳。
别　　名　葶苈子。
种子形态　种子近似球形，表面有明显的褶皱和凹凸不平的纹理，整体看起来较为粗糙；大小为 1.33（1.31～1.36）mm × 1.22（1.19～1.25）mm。
种子功效　种子具有清热凉血、解毒消肿、利湿通淋等药用功效。
花　　期　5～6 月。
果　　期　6～7 月。
生　　境　生于森林草原带的河滩湿草地、农田湿地。
采 集 地　采自兴安盟科尔沁右翼前旗等地。

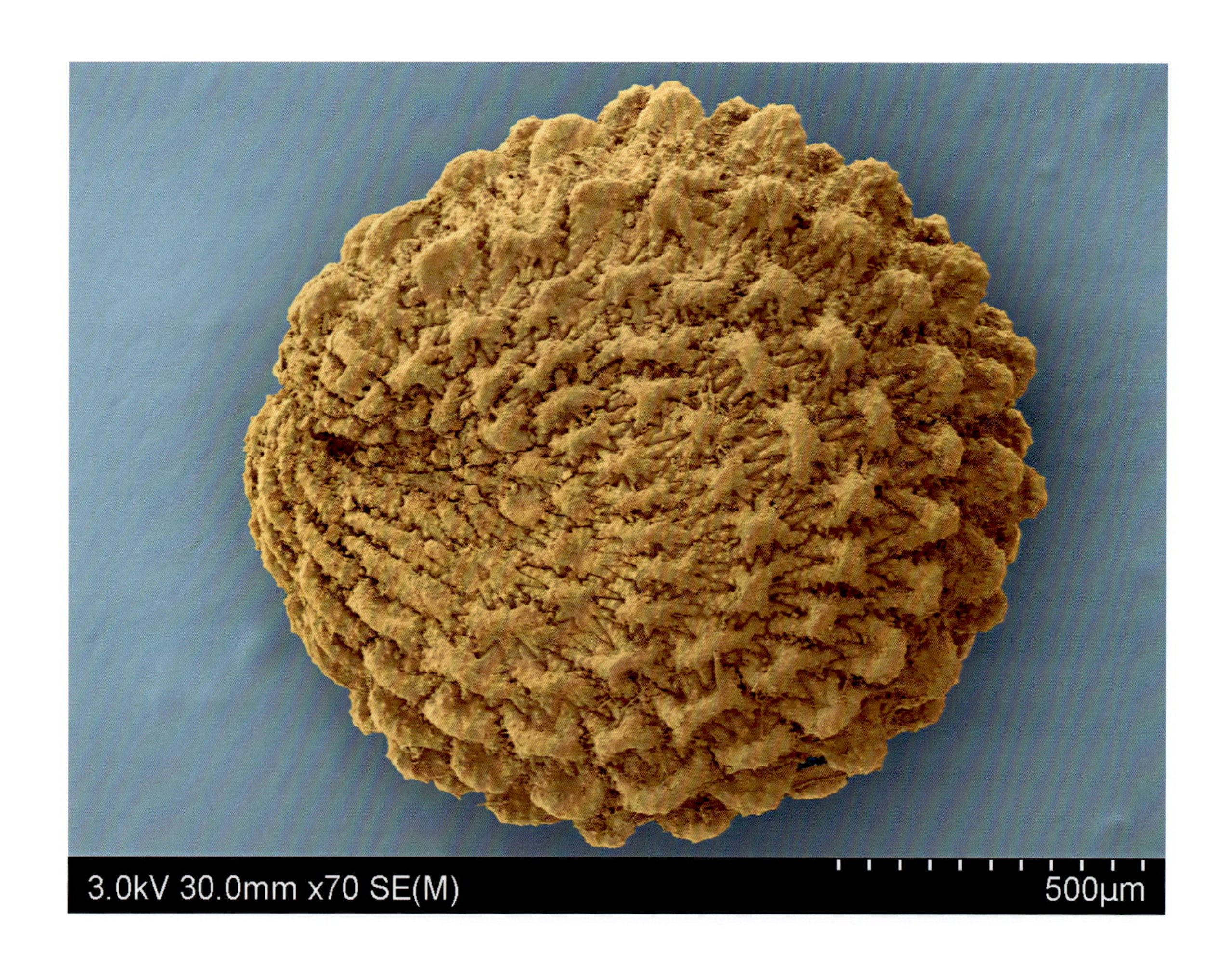

032 大花剪秋罗

Silene fulgens (Fisch.) E. H. L. Krause

石竹科 Caryophyllaceae
蝇子草属 *Silene*

蒙　　名　陶木 - 谁没给力格 - 其其格。

别　　名　剪秋罗。

种子形态　种子具扇形外观，表面布满了密集的尖刺状凸起结构，这些凸起排列整齐，形成了有规律的纹理；大小为 1.57（1.55～1.59）mm × 1.30（1.27～1.31）mm。

种子功效　种子有清热、止痛、止泻等药用功效，可在缓解发热、腹痛、腹泻等方面发挥作用。

花　　期　7～8 月。

果　　期　8～9 月。

生　　境　生于低山疏林下、灌丛草甸阴湿地。

采 集 地　采自呼伦贝尔市阿荣旗等地。

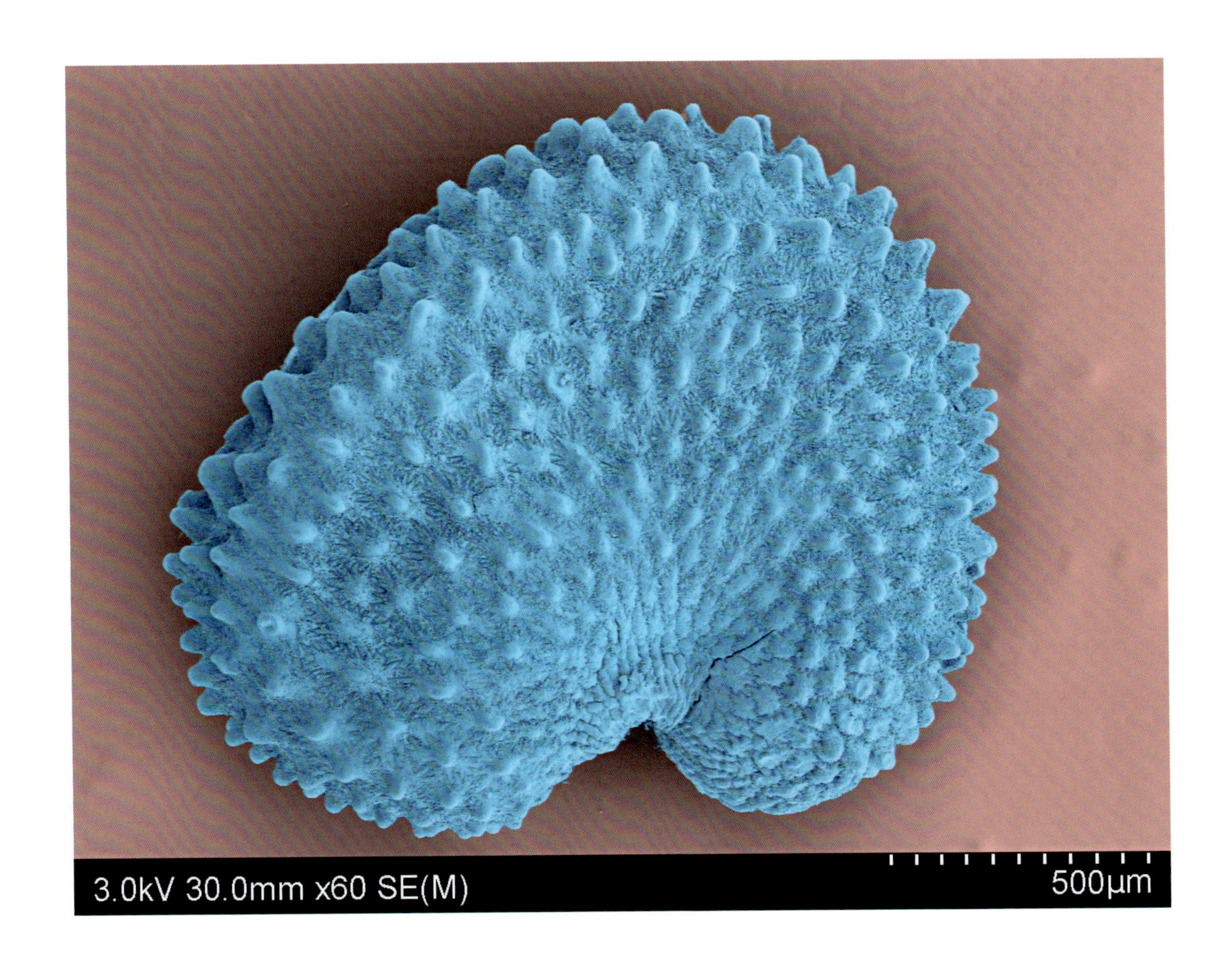

033 光萼女娄菜 *Silene firma* Siebold & Zucc.

石竹科 Caryophyllaceae
蝇子草属 *Silene*

蒙　　名　古乐格日 - 苏尼吉没乐 - 其其格。
别　　名　坚硬女娄菜。
种子形态　种子表面呈脑状皱褶结构，形状不规则、圆润；大小为 987（979～991）μm × 675（672～677）μm。
种子功效　种子具有活血调经、健脾消食、解毒消肿等药用功效。
花　　期　7～8 月。
果　　期　8～9 月。
生　　境　生于夏绿阔叶林带的林缘草甸、山地草甸及灌丛间。
采 集 地　采自呼伦贝尔市鄂伦春自治旗等地。

034 瞿麦 *Dianthus superbus* L.

石竹科 Caryophyllaceae
石竹属 *Dianthus*

蒙　　名 高要 - 巴希卡。

别　　名 洛阳花。

种子形态 种子呈椭圆形，边缘平滑，表面具细密的纹理，中央略微凹陷；大小为 2.46（2.45～2.47）mm × 1.90（1.89～1.91）mm。

种子功效 种子具有清热利尿、破血通经、消痈肿、明目祛翳等药用功效。

花 果 期 7～9 月。

生　　境 生于夏绿阔叶林带的林缘、疏林下、草甸、沟谷溪边。

采 集 地 采自呼伦贝尔市满归林区等地。

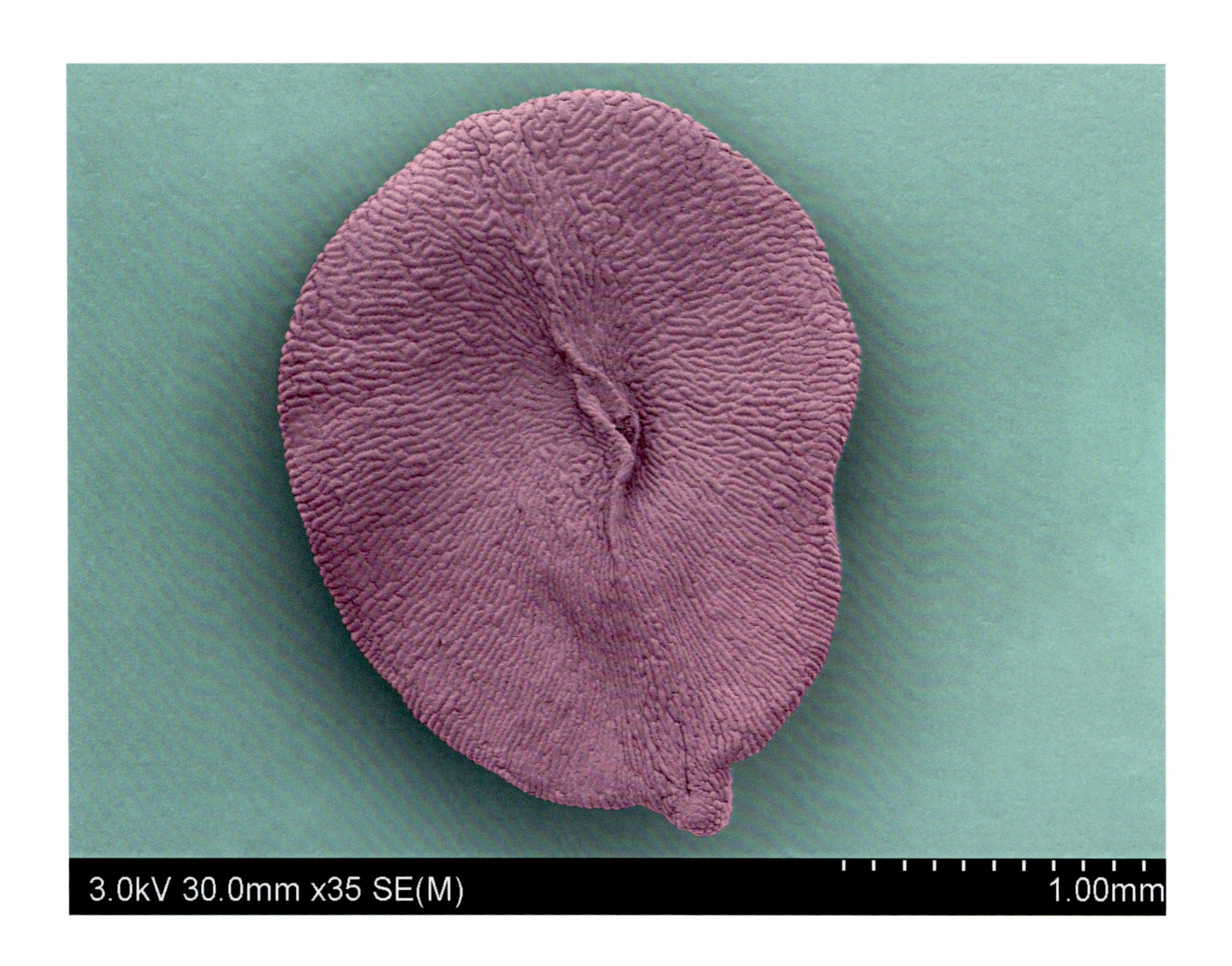

035 麦蓝菜 *Gypsophila vaccaria* Sm.

石竹科 Caryophyllaceae
石头花属 *Gypsophila*

蒙　　名　阿拉坦 - 谁没给力格 - 其其格。

别　　名　王不留行。

种子形态　种子呈球形，表面分布着密集的小刺状凸起，整体纹理规则；大小为 2.11（1.93～2.25）mm × 2.06（1.91～2.17）mm。

种子功效　种子可入药，具活血通经、下乳消肿、利尿通淋的药用功效。

花　　期　6～7 月。

果　　期　7～8 月。

生　　境　生于田边或混生于麦田间。

采 集 地　采自呼伦贝尔市鄂伦春自治旗等地。

036 芍药

Paeonia lactiflora Pall.

芍药科 Paeoniaceae
芍药属 *Paeonia*

蒙　　名　查那 - 其其格。

别　　名　野芍药。

种子形态　种子呈椭圆形，表面光滑略显颗粒状，无明显褶皱，整体质地较为均匀；大小为 4.00（3.95～4.05）mm × 3.50（3.45～3.55）mm。

种子功效　种子含油量约 25%，供制皂和涂料。

花　　期　5～7 月。

果　　期　7～8 月。

生　　境　生于森林带和草原带的山地和石质丘陵的灌丛、林缘、山地草甸、草甸草原群落。

采 集 地　采自呼伦贝尔市撒欢牧场等地。

037 短瓣金莲花 *Trollius ledebourii* Rchb.

毛茛科 Ranunculaceae
金莲花属 *Trollius*

蒙　　名　宝古尼 - 阿拉坦花。

别　　名　金梅草。

种子形态　种子呈椭圆形，表面具细密的纹理，略显光滑，整体较为均匀；大小为 2.25（2.24～2.26）mm × 1.37（1.36～1.38）mm。

种子功效　种子具有清热解毒、抗菌消炎、消肿止痛等药用功效，可用于治疗多种热毒病症及炎症相关疾病并可缓解肿痛不适。

花　　期　6～7 月。

果　　期　7～8 月。

生　　境　湿草地、林间草地或河边。

采 集 地　采自呼伦贝尔市鄂温克自治旗等地。

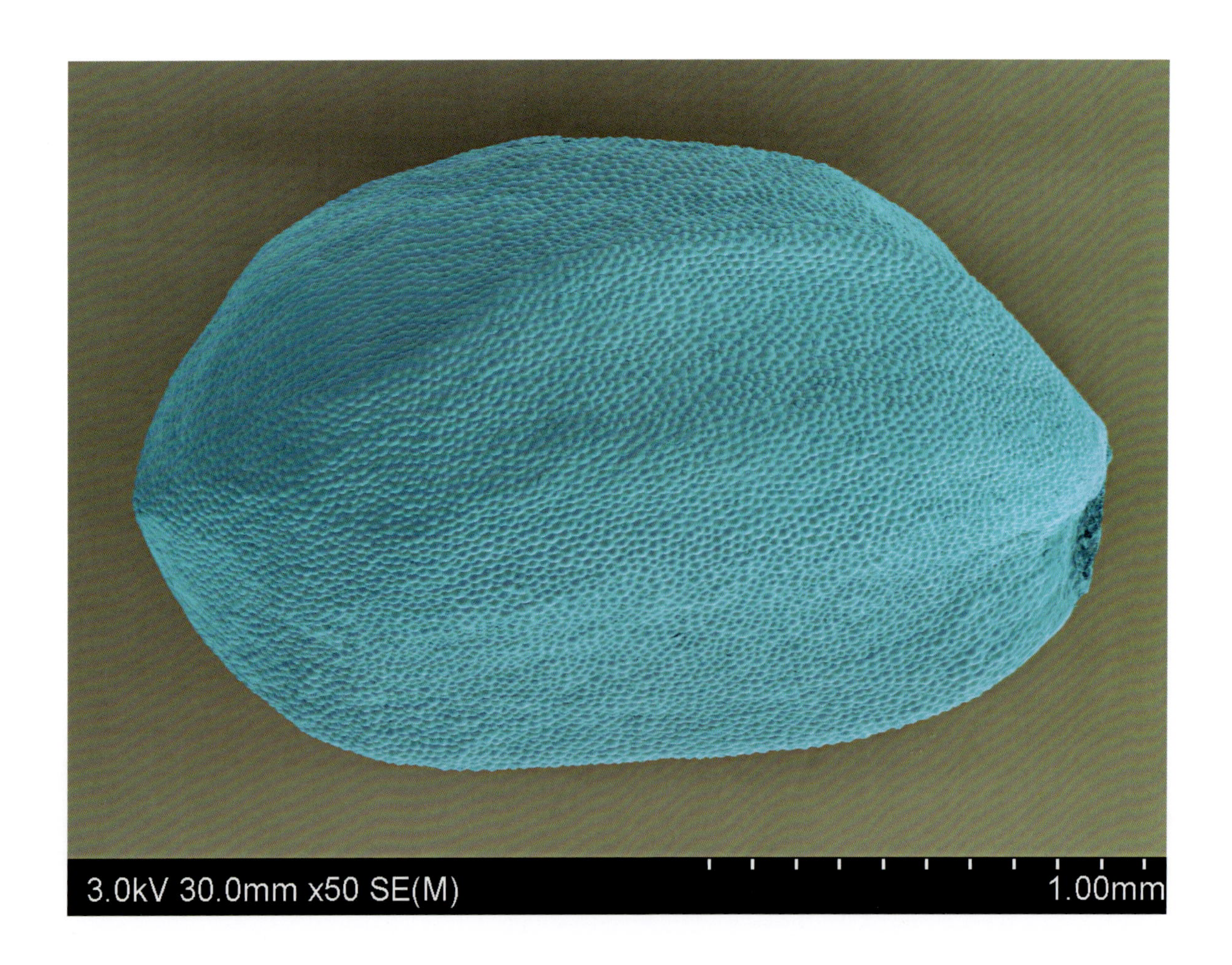

038 耧斗菜 *Aquilegia viridiflora* Pall.

毛茛科 Ranunculaceae
耧斗菜属 *Aquilegia*

蒙　　名　乌日其乐 - 额布斯。
别　　名　血见愁。
种子形态　种子呈纺锤形，表面光滑略带纹理，整体对称性较好；大小为 2.35（2.34～2.36）mm × 1.29（1.28～1.30）mm。
种子功效　种子具有活血调经、凉血止血、清热解毒等药用功效。
花　　期　5～6 月。
果　　期　7 月。
生　　境　生于森林带、草原带和荒漠带的石质山坡的灌丛间及沟谷中。
采 集 地　采自乌兰浩特市葛根庙镇等地。

039 华北耧斗菜 *Aquilegia yabeana* Kitag.

毛茛科 Ranunculaceae
耧斗菜属 *Aquilegia*

蒙　　名　奥日木阿特音 - 乌日乐其 - 额布斯。

别　　名　紫霞耧斗菜。

种子形态　种子呈狭长椭圆形，表面较为光滑，边缘略弯曲，整体形状扁平；大小为 2.52（2.51～2.53）mm × 1.03（1.02～1.04）mm。

种子功效　种子具活血通经、凉血止血及清热解毒的药用功效，可治月经不调、出血症及热毒疮疡等病症。

花　　期　6～7 月。

果　　期　7～9 月。

生　　境　中生植物，生于山地灌丛和草甸、林缘。

采 集 地　采自乌兰察布市兴和县苏木山等地。

040 展枝唐松草 *Thalictrum squarrosum* Stephan ex Willd.

毛茛科 Ranunculaceae
唐松草属 *Thalictrum*

蒙　　名　莎格莎嘎日 - 查存 - 其其格。

别　　名　猫爪子。

种子形态　种子呈椭圆形，表面分布着不规则的紫色斑块，整体纹理不明显，一端可见一个红色突出结构；大小为 3.09（2.84～3.11）mm × 1.26（1.07～1.53）mm。

种子功效　种子含油，供工业用。

花　　期　7～8 月。

果　　期　8～9 月。

生　　境　生于典型草原、砂质草原群落。

采 集 地　采自呼和浩特市大青山等地。

041 白头翁 *Pulsatilla chinensis* (Bunge) Regel

毛茛科 Ranunculaceae
白头翁属 *Pulsatilla*

蒙　　名　额格乐 - 伊日贵。

别　　名　毛姑朵花。

种子形态　种子呈长条形，表面分布着细密的丝状结构，整体纹理松散，一端可见一些丝状结构分散开来；大小为 6.19（5.92～6.41）mm × 1.16（1.03～1.37）mm。

种子功效　种子具清热解毒、凉血止痢的药用功效，可用于治疗热毒血痢、阴痒带下等病症。

花　　期　5～6 月。

果　　期　6～7 月。

生　　境　生于森林带和森林草原带的山地林缘和草甸。

采 集 地　采自兴安盟科尔沁右翼前旗等地。

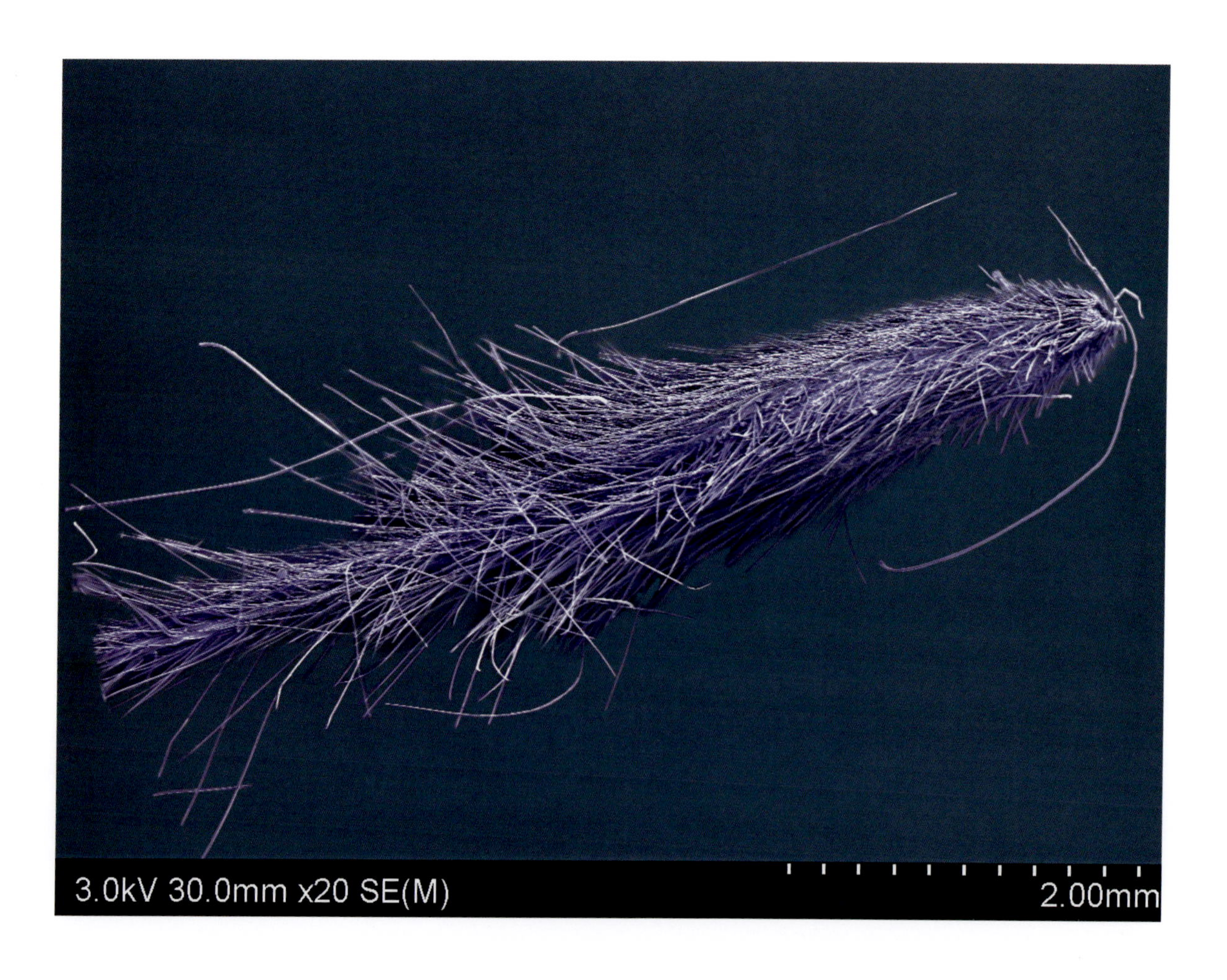

042 毛茛
Ranunculus japonicus Thunb.

毛茛科 Ranunculaceae
毛茛属 *Ranunculus*

蒙　　名　好乐得存 - 其其格。

别　　名　鱼疔草。

种子形态　种子呈不对称卵形，表面具有细密的纹理和轻微的凹凸结构，边缘略显起伏；大小为 2.68（2.67～2.69）mm × 1.78（1.77～1.79）mm。

种子功效　种子具利湿消肿、止痛杀虫、截疟等药用功效，对疟疾、黄疸、偏头痛、胃痛等有一定疗效。

花 果 期　6～9 月。

生　　境　田沟旁和林缘路边的湿草地。

采 集 地　采自通辽市科尔沁左翼后旗等地。

043 短尾铁线莲 *Clematis brevicaudata* DC.

毛茛科 Ranunculaceae
铁线莲属 *Clematis*

蒙　　名　绍得给日 - 奥日牙木格。

别　　名　林地铁线莲。

种子形态　种子呈不规则形状，外表附有大量纤细的毛状结构，整体呈放射状分布，毛状结构的长度远超种子主体；种子主体大小为 5.00（4.95～5.05）mm。

种子功效　种子具祛风湿、通经络、清热利咽等药用功效，可用于治疗风湿痹痛、肢体麻木、咽喉肿痛等症状。

花　　期　8～9 月。

果　　期　9～10 月。

生　　境　生于山地林下、林缘及灌丛。

采 集 地　采自呼伦贝尔市鄂温克族自治旗等地。

044 西伯利亚乌头
Aconitum barbatum var. *hispidum* (DC.) Ser.

毛茛科 Ranunculaceae
乌头属 *Aconitum*

蒙　　名 西伯日 - 好日苏。
别　　名 牛扁。
种子形态 种子呈长条形，表面纹理较为粗糙，局部略显褶皱，末端有明显的凸起结构；大小为 2.87（2.86～2.88）mm × 675（670～680）μm。
种子功效 种子具祛风除湿、止痛的药用功效，可用于缓解风湿痹痛、关节疼痛等症状。
花　　期 7～8 月。
果　　期 8～9 月。
生　　境 生于落叶阔叶林带和草原带的山地林下、林缘及中生灌木丛。
采 集 地 采自赤峰市宁城县等地。

045 北乌头 *Aconitum kusnezoffii* Rehder

毛茛科 Ranunculaceae
乌头属 *Aconitum*

蒙　　名　哈日 - 好日苏。

别　　名　鸡头草。

种子形态　种子扁椭圆球形，沿棱具狭翅，只一面生横膜翅；大小为 4.16（3.99～4.26）mm × 2.63（2.41～2.81）mm。

种子功效　种子具祛风除湿、温经止痛的药用功效，可用于治疗风寒湿痹、关节疼痛、心腹冷痛等病症。但北乌头有大毒，使用时需谨慎。

花　　期　7～8 月。

果　　期　9 月。

生　　境　生于落叶阔叶林下、林缘草甸及沟谷草甸。

采 集 地　采自通辽市扎鲁特旗等地。

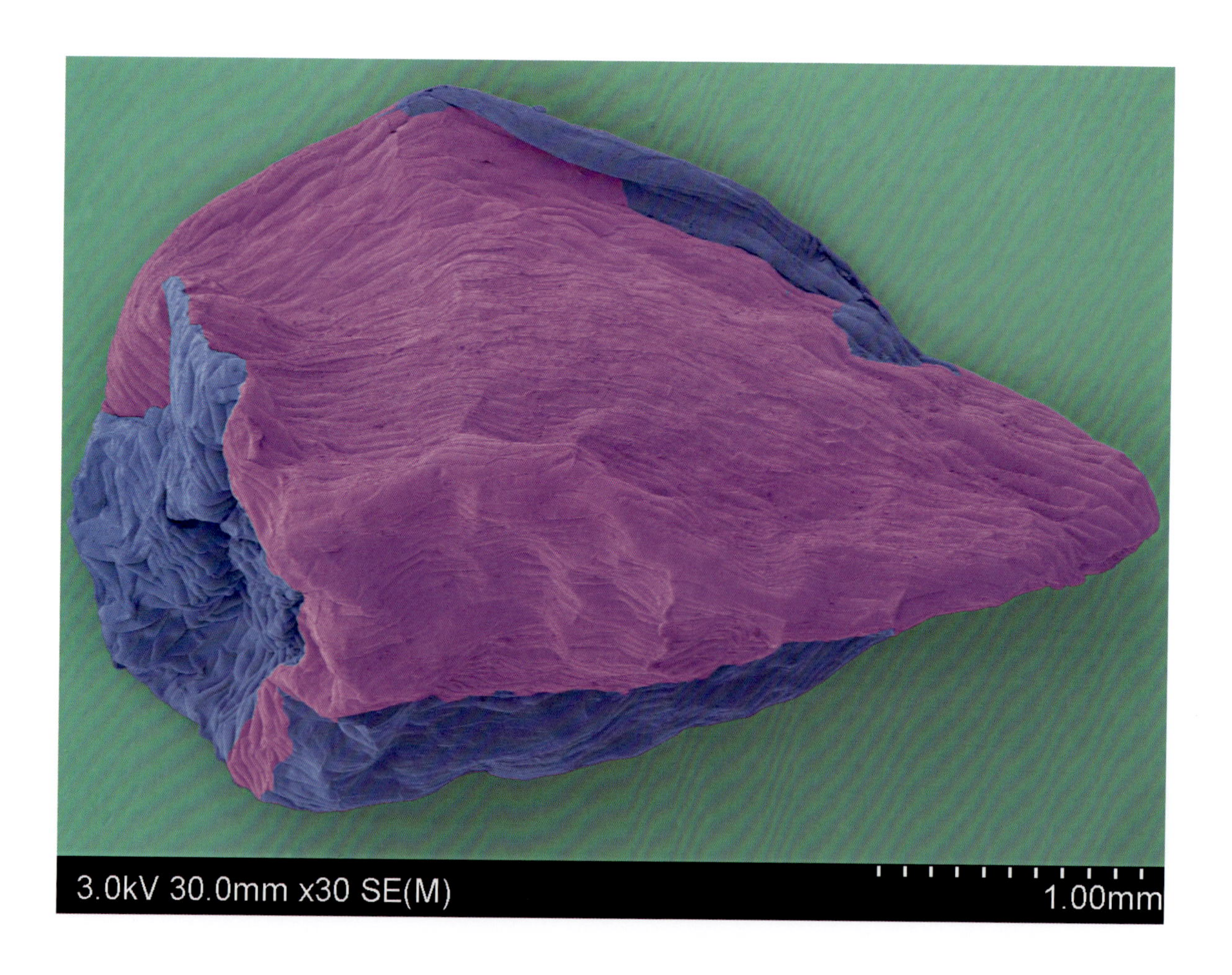

046 鄂尔多斯小檗
Berberis caroli C.K. Schneid

小檗科 Berberidaceae
小檗属 *Berberis*

蒙　　名　鄂尔多斯音 - 希日 - 毛都。

别　　名　匙叶小檗。

种子形态　种子呈椭圆形，表面分布着细密的凹坑状纹理，整体纹理粗糙，两端可见较为圆润的边缘；大小为 3.17（2.94～3.38）mm × 1.39（1.10～1.67）mm。

种子功效　种子具有清热燥湿、泻火解毒等药用功效，可用于治疗湿热泻痢、黄疸、带下、热毒疮疡等病症。

花　　期　5～6 月。

果　　期　8～9 月。

生　　境　疏生于草原带的河滩砂质地或山坡灌丛。

采 集 地　采自鄂尔多斯市准格尔旗等地。

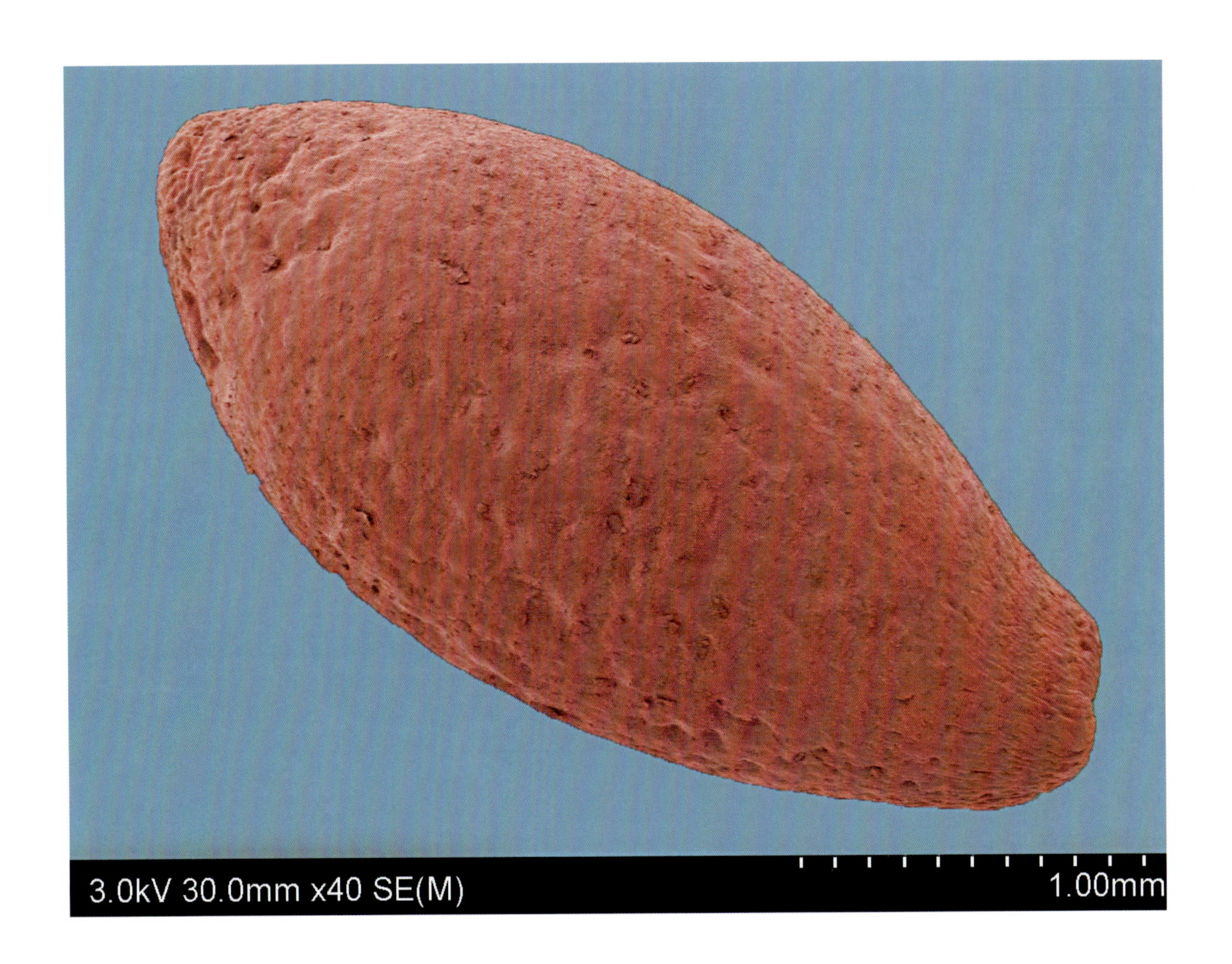

047 五味子 *Schisandra chinensis* (Turcz.) Baill.

五味子科 Schisandraceae
五味子属 *Schisandra*

蒙　　名 乌拉勒吉嘎纳。

别　　名 北五味子。

种子形态 种子近似球形，表面粗糙且布满不规则的凹凸结构，整体质地较为坚硬；大小为4.00（3.95～4.05）mm × 3.60（3.55～3.65）mm。

种子功效 种子可入药，能敛肺、滋肾、止汗、涩精，主治肺虚喘咳、自汗、盗汗、遗精、久泄、神经衰弱、心肌乏力、过劳嗜睡等症，并有兴奋子宫、促进子宫收缩的作用。

花　　期 6～7 月。

果　　期 8～9 月。

生　　境 生于落叶阔叶林带的阴湿山沟、灌丛、林下。

采 集 地 采自呼伦贝尔市鄂伦春自治旗等地。

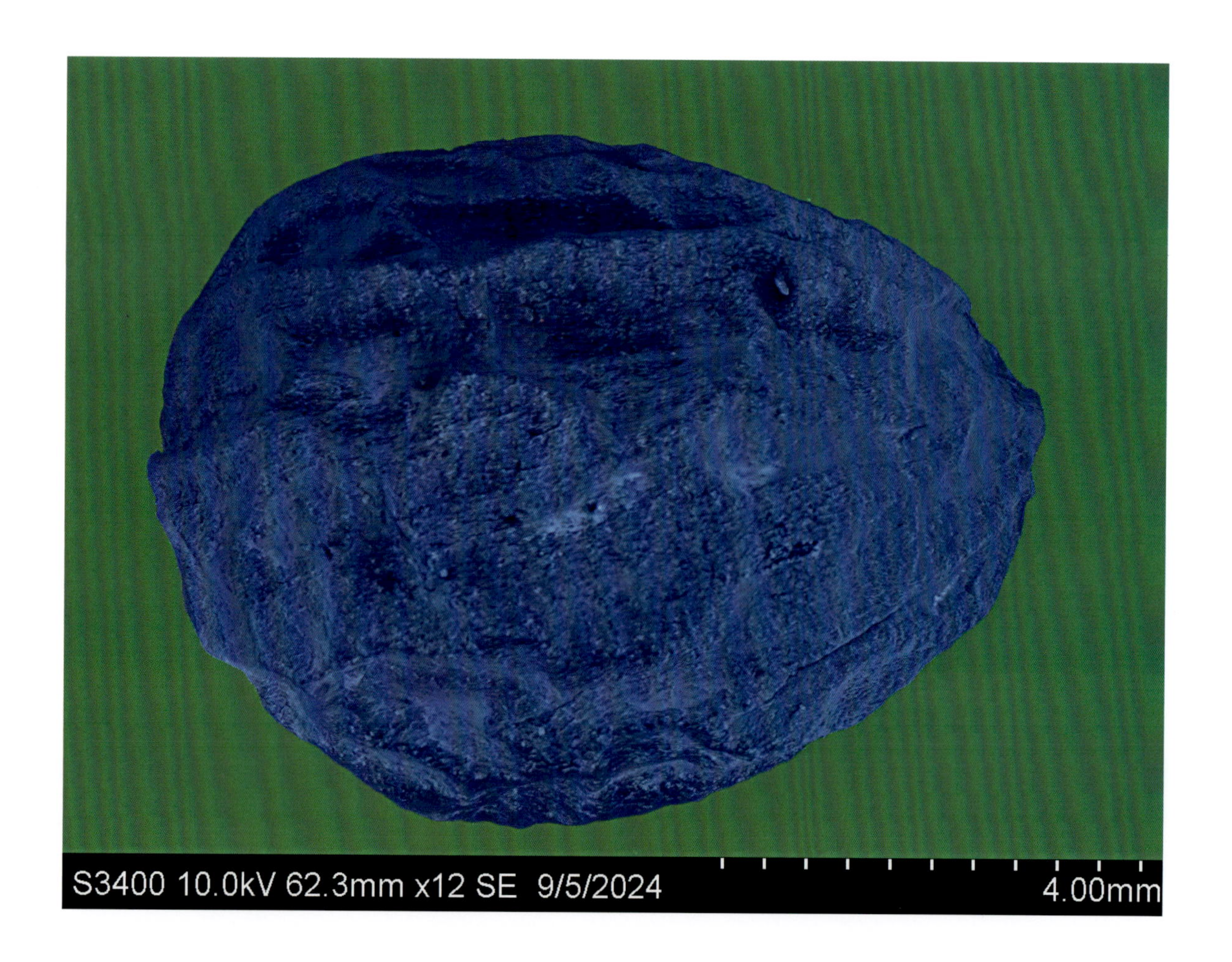

048 角茴香
Hypecoum erectum L.

罂粟科 Papaveraceae
角茴香属 *Hypecoum*

蒙　　名　嘎伦 - 塔巴格。

别　　名　山黄连。

种子形态　种子近四棱形，两面具“十”字形凸起；大小为 994（936～1005）μm × 653（631～682）μm。

种子功效　种子可用于治疗热毒病症，如咽喉肿痛、目赤肿痛等；能有效清除体内热毒，缓解肿痛症状。

花 果 期　5～8 月。

生　　境　生于荒漠草原带的砂质地、盐化草甸等处。

采 集 地　采自兴安盟科尔沁右翼前旗等地。

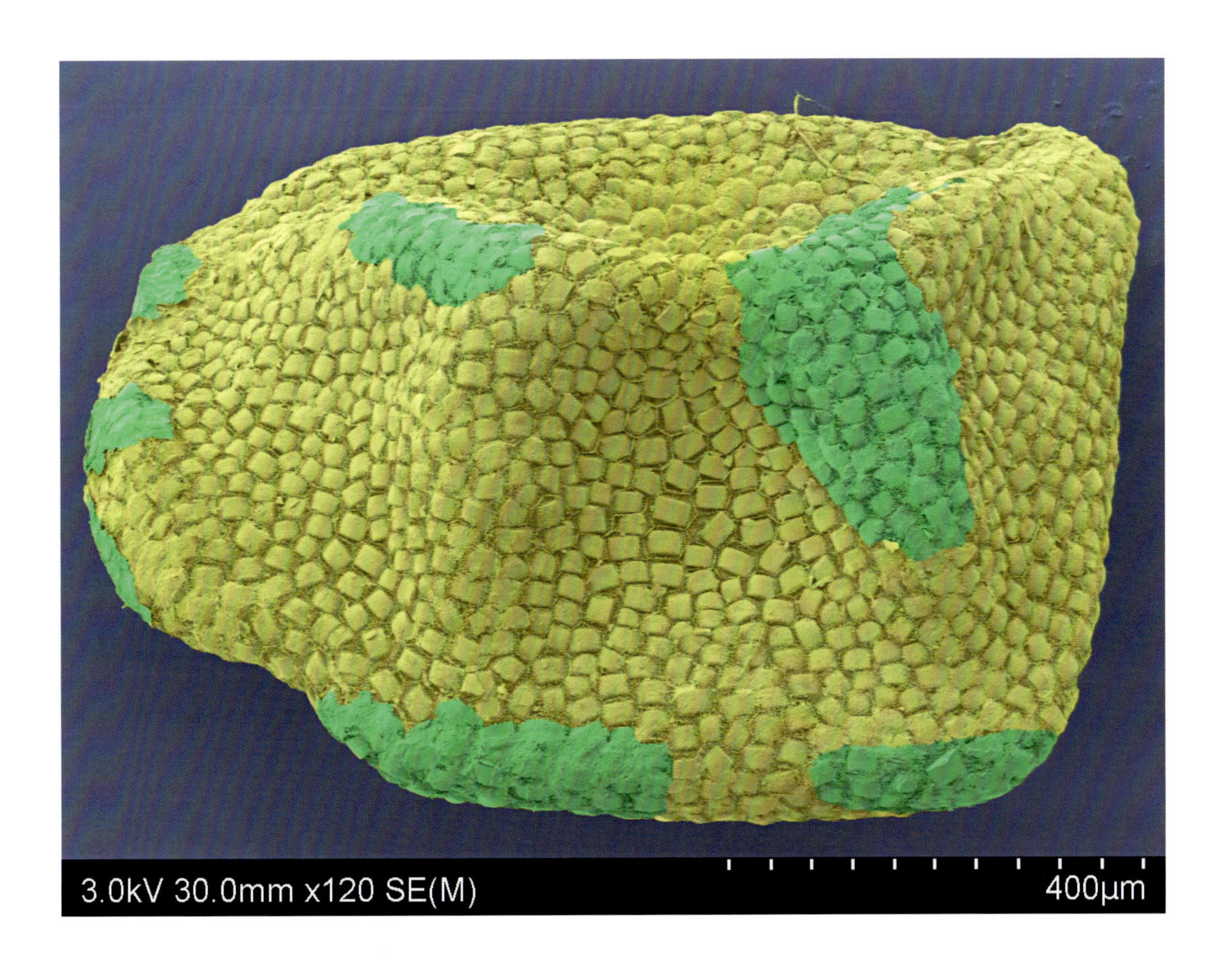

049 紫堇
Corydalis edulis Maxim.

罂粟科 Papaveraceae
紫堇属 *Corydalis*

蒙　　名 萨巴勒干纳。

别　　名 紫花地丁。

种子形态 种子近似圆形，表面较为光滑，边缘略有不规则起伏，局部可见小凸起；大小为 1.94（1.93～1.95）mm × 1.90（1.89～1.91）mm。

种子功效 种子具有清热解毒、凉血止血与镇静止痛的药用功效，可缓解热毒所致肿痛、血热出血及多种疼痛等症状。

花 果 期 5～7 月。

生　　境 生于草原带的山地疏林下、沟谷草甸、农田、沟渠边。

采 集 地 采自呼和浩特市大青山等地。

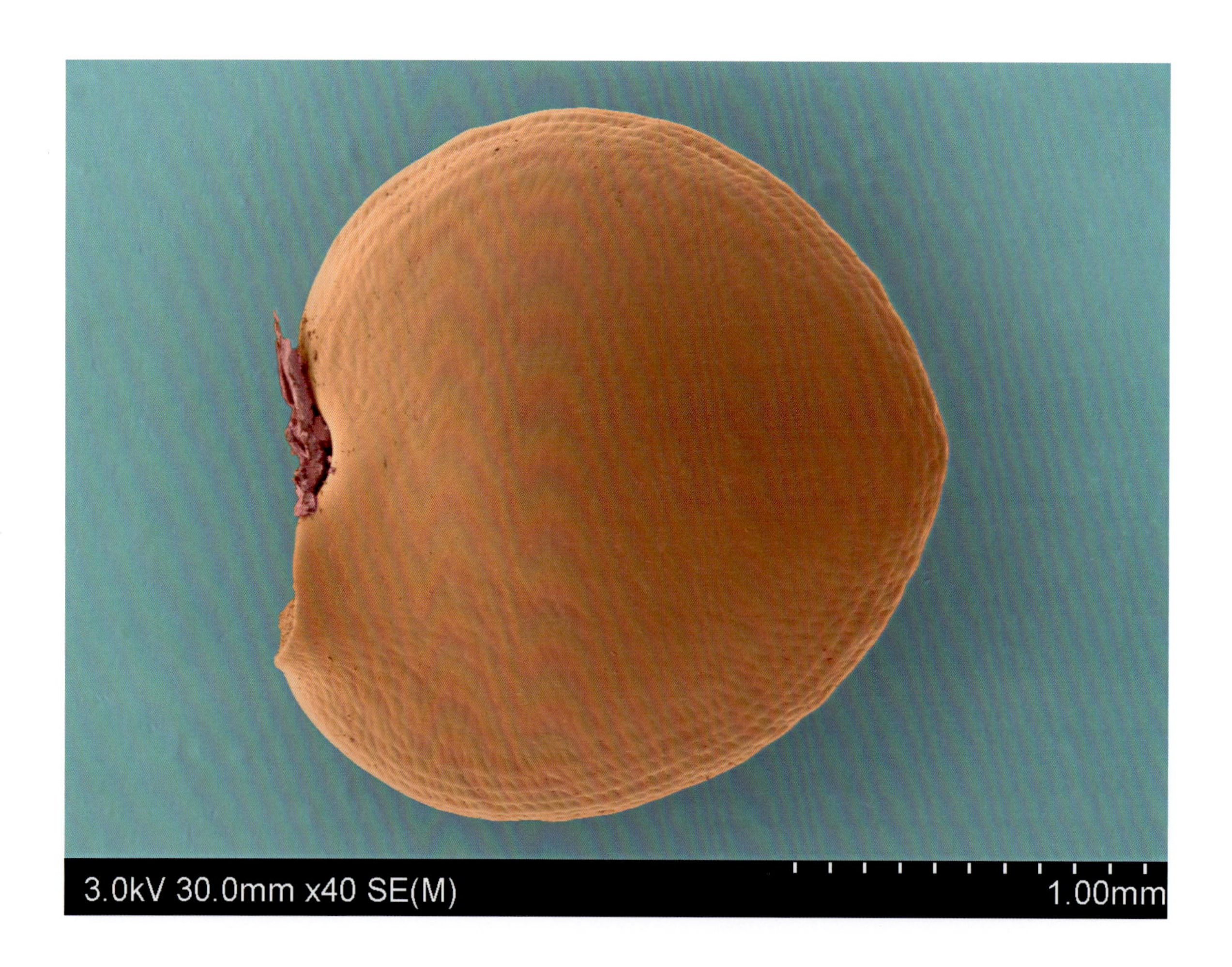

050 沙芥

Pugionium cornutum (L.) Gaertn.

十字花科 Brassicaceae
沙芥属 *Pugionium*

蒙　　名 额乐孙萝帮。

别　　名 山羊沙芥。

种子形态 种子长圆形，黄棕色；长约 1cm。

种子功效 种子可入中药，有止痛、消食、解毒的功效。

花　　期 6～7 月。

果　　期 8～9 月。

生　　境 生于沙漠地带的沙丘上。

采 集 地 采自鄂尔多斯市达拉特旗等地。

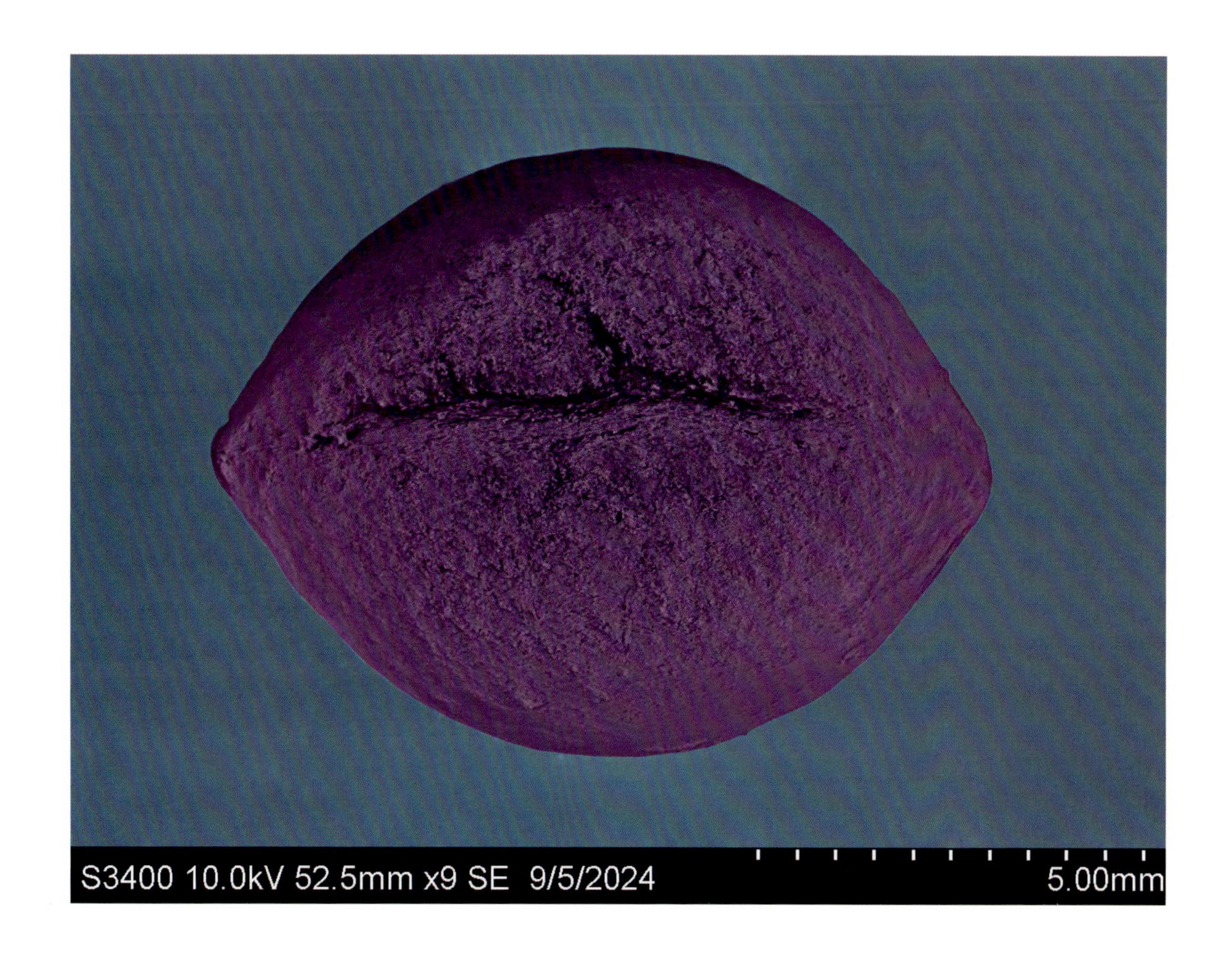

051 毛果群心菜
Lepidium appelianum Al-Shehbaz

十字花科 Brassicaceae
独行菜属 *Lepidium*

蒙　　名　红哈 - 希格其格。
别　　名　甜萝卜缨子。
种子形态　种子卵圆形或椭圆形，棕褐色；大小为 1.76（1.54～1.98）mm × 1.13（1.01～1.32）mm。
种子功效　种子具祛痰止咳、行气止痛与解毒消肿的药用功效，可缓解咳嗽咳痰、胃脘胸肋疼痛及痈肿疮毒症状。
花　　期　4～5 月。
果　　期　5～7 月。
生　　境　生于水边、田边、村庄、路旁。
采 集 地　采自阿拉善盟额济纳旗等地。

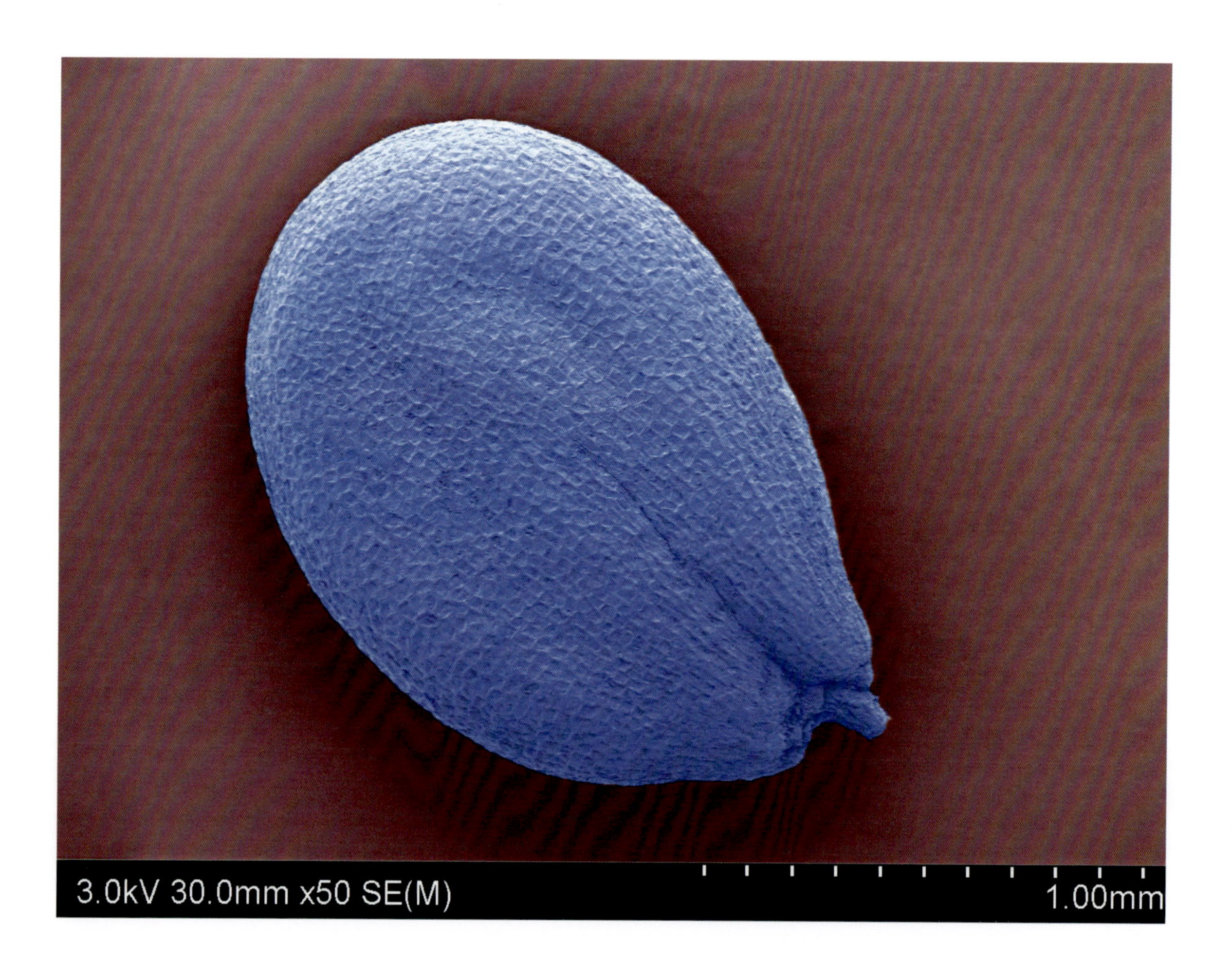

052 菥蓂 *Thlaspi arvense* L.

十字花科 Brassicaceae
菥蓂属 *Thlaspi*

蒙　　名　淘力都 - 额布斯。

别　　名　遏兰菜。

种子形态　种子呈椭圆形，表面具有明显的平行波状条纹结构，边缘略显弯曲；大小为 1.95（1.94～1.96）mm × 1.36（1.35～1.37）mm。

种子功效　种子油供制肥皂，也作润滑油，还可食用。

花 果 期　5～7 月。

生　　境　生于山坡林缘。

采 集 地　采自巴彦淖尔市乌拉山林场等地。

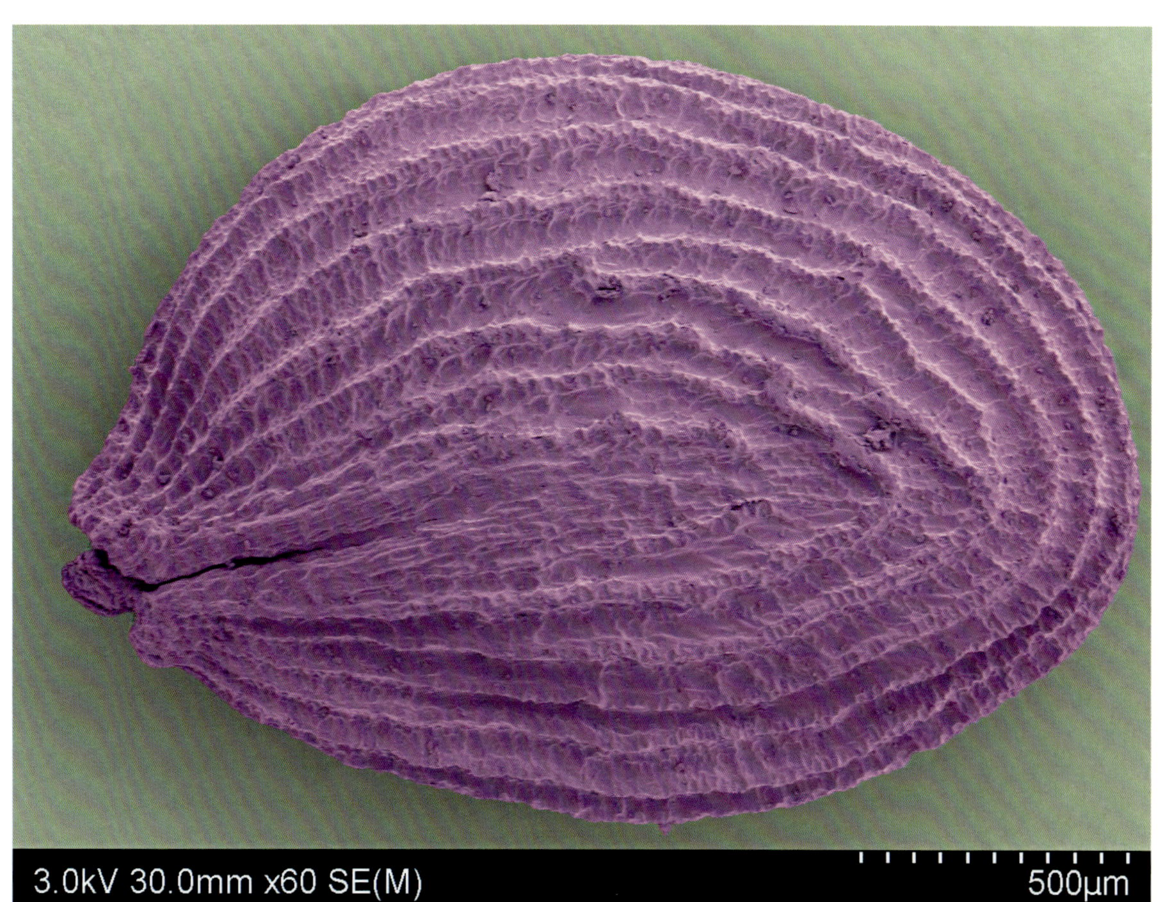

053 芥菜 *Brassica juncea* (L.) Czern.

十字花科 Brassicaceae
芸薹属 *Brassica*

蒙　　名　哲日力格 - 钙母。
别　　名　芥。
种子形态　种子球形，紫褐色；大小为 2.11（1.93～2.25）mm × 2.06（1.91～2.17）mm。
种子功效　种子可榨油，供食用；磨粉既可作调味品，又可入药。
花 果 期　5～6 月。
生　　境　生于田边、村庄、路旁。
采 集 地　采自巴彦淖尔市五原县等地。

054 垂果大蒜芥

Sisymbrium heteromallum C. A. Mey.

十字花科 Brassicaceae
大蒜芥属 *Sisymbrium*

蒙　　名　文吉格日 - 哈木白。

别　　名　垂果蒜芥。

种子形态　种子呈长椭圆形，表面分布着细微的纹理，整体纹理较平滑，两端可见略微圆润的端点；大小为 1.12（1.01～1.35）mm × 368（339～389）μm。

种子功效　种子可入药，具止咳化痰、清热解毒的药用功效。

花 果 期　4～9 月。

生　　境　生于海拔 3100～4380m 的山坡、草地、路边田旁、灌木丛。

采 集 地　采自包头市昆都仑区等地。

055 珍珠梅
Sorbaria sorbifolia (L.) A. Braun

蔷薇科 Rosaceae
珍珠梅属 *Sorbaria*

蒙　　名　苏布得力格 - 其其格。
别　　名　东北珍珠梅。
种子形态　种子呈细长条形，表面粗糙且带有不规则裂纹和纹理，末端略尖；大小为 5.22（5.20～5.24）mm × 640（630～650）μm。
种子功效　可入药，主治跌打损伤、风湿关节炎，是重要的木本药用植物。
花　　期　7～8 月。
果　　期　8～9 月。
生　　境　常生长于海拔 200～1300m 的阳面山坡、杂木林。
采 集 地　采自牙克石市凤凰山景区等地。

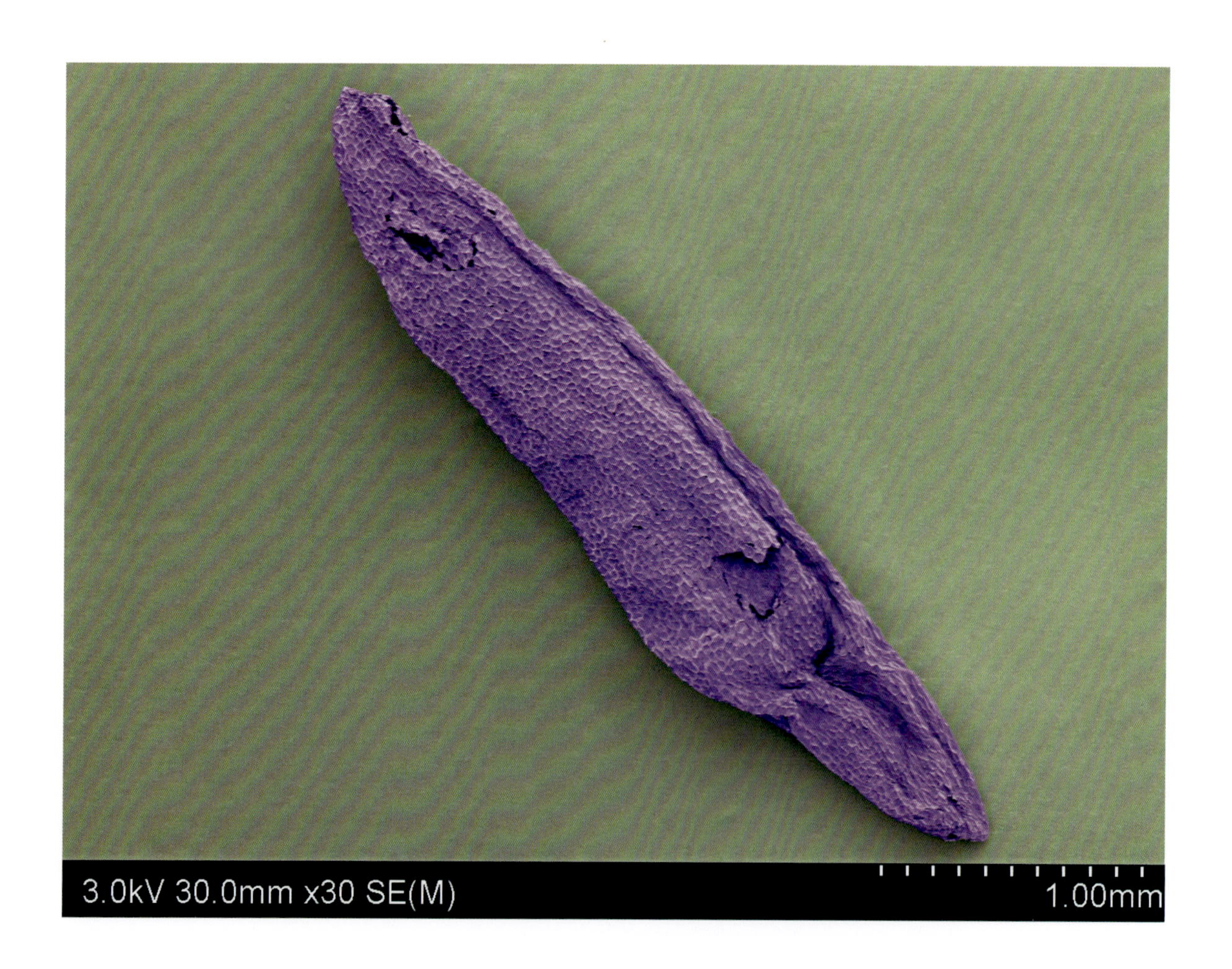

056 水栒子

Cotoneaster multiflorus Bunge

蔷薇科 Rosaceae
栒子属 *Cotoneaster*

蒙　　名 乌兰 - 牙日钙。

别　　名 栒子木。

种子形态 种子呈卵圆形，表面粗糙且不规则，顶部覆盖有类似附着物的结构，整体形状较为饱满；大小为 4.00（3.95～4.05）mm × 3.20（3.15～3.25）mm。

种子功效 种子具清热凉血、止血止泻与舒筋活络的药用功效，可缓解发热骨蒸、出血、脾虚泄泻及经络不通等症状。

花　　期 5～6 月。

果　　期 8～9 月。

生　　境 生于海拔 900～1300m 的山地灌木、林缘、沟谷等处。

采 集 地 采自包头市青山区等地。

057 黑果栒子
Cotoneaster melanocarpus Lodd., G. Lodd. & W. Lodd.

蔷薇科 Rosaceae
栒子属 *Cotoneaster*

蒙　　名 哈日 - 牙日钙。

别　　名 黑果灰栒子。

种子形态 种子呈小核状，通常为椭圆形或卵圆形，种子表面上半部分呈现粗糙的纹理，下半部分较光滑；大小为 3.84（3.62～4.05）mm × 2.78（2.28～2.96）mm。

种子功效 种子具有补肾固精、健脾止泻、止血明目的药用功效，可改善肾虚遗精、脾虚久泻、崩漏带下及视物昏花等症状。

花　　期 5～6 月。

果　　期 8～9 月。

生　　境 生于海拔 700～2600m 的山坡、疏林间或灌木丛。

采 集 地 采自包头市土默特右旗九峰山自然保护区等地。

058 灰栒子
Cotoneaster acutifolius Turcz.

蔷薇科 Rosaceae
栒子属 *Cotoneaster*

蒙　　名　牙日钙。
别　　名　北京栒子。
种子形态　种子呈不规则卵圆形，表面粗糙且布满凹凸结构，边缘略显起伏，整体形状较厚实；大小为 4.00（3.95～4.05）mm × 3.50（3.45～3.55）mm。
种子功效　种子具止血化瘀、收敛止泻、解毒消肿的药用功效，可用于治疗咯血、吐血、便血、崩漏等出血症状，对于久泻不止、痢疾、疮疡肿毒等症状也有一定的作用。
花　　期　5～6 月。
果　　期　9～10 月。
生　　境　生于海拔 1400～3700m 的山坡、山麓、山沟及丛林。
采 集 地　采自巴彦淖尔市乌拉特前旗乌拉山等地。

059 杜梨 *Pyrus betulifolia* Bunge

蔷薇科 Rosaceae
梨属 *Pyrus*

蒙　　名　哲日力格 - 阿力梨。

别　　名　灰梨。

种子形态　种子呈椭圆形，表面分布着零星的斑点，整体纹理粗糙，一端可见一个较为圆润的凸起；大小为 3.30（3.02～3.61）mm × 2.44（2.03～2.62）mm。

种子功效　种子可入药，具润肠通便、消肿止痛、敛肺涩肠及止咳止痢的药用功效。

花　　期　5 月。

果　　期　9～10 月。

生　　境　生于海拔 50～1800m 的平原或山坡阳面。

采 集 地　采自赤峰市宁城县等地。

060 山荆子
Malus baccata (L.) Borkh.

蔷薇科 Rosaceae
苹果属 *Malus*

蒙　　名 乌日勒。

别　　名 山丁子。

种子形态 种子呈椭圆形，表面较为光滑，整体纹理细腻，一端可见一个小凸起；大小为 3.08（2.86～3.31）mm × 1.63（1.41～1.92）mm。

种子功效 果实可入药，有止泻痢的作用。

花　　期 4～6 月。

果　　期 9～10 月。

生　　境 生于海拔 800～2800m 的山地。

采 集 地 采自巴彦淖尔市乌拉特前旗乌拉山等地。

061 山刺玫 *Rosa davurica* Pall.

蔷薇科 Rosaceae
蔷薇属 *Rosa*

蒙　　名 扎木日。

别　　名 刺玫果。

种子形态 种子呈弯曲的不规则长椭圆形，表面较为粗糙，带有细微的纵向纹理；大小为 5.47（5.45～5.49）mm × 2.91（2.90～2.92）mm。

种子功效 种子可提取玫瑰精油。

花　　期 6～7月。

果　　期 8～9月。

生　　境 耐瘠薄，耐干旱。生于海拔 600～2000m 的疏林地、林缘、有机质含量很低的沙滩地、河岸、荒山荒坡及道路两旁。

采 集 地 采自巴彦淖尔市乌拉山林场等地。

062 委陵菜
Potentilla chinensis Ser.

蔷薇科 Rosaceae
委陵菜属 *Potentilla*

蒙　　名 希林 - 陶来音 - 汤乃。

别　　名 天青地白。

种子形态 种子卵球形，深褐色，有明显褶皱；大小为 1.11（0.83～1.36）mm × 736（699～754）μm。

种子功效 种子具清热解毒、凉血止血、利湿止泻的药用功效，可用于治疗痈肿疮毒、痢疾肠炎、湿热泻痢、便血崩漏等病症。

花 果 期 4～10 月。

生　　境 生于海拔 400～3200m 的山坡草地、沟谷、林缘、灌丛或疏林下。

采 集 地 采自包头市土默特右旗九峰山自然保护区等地。

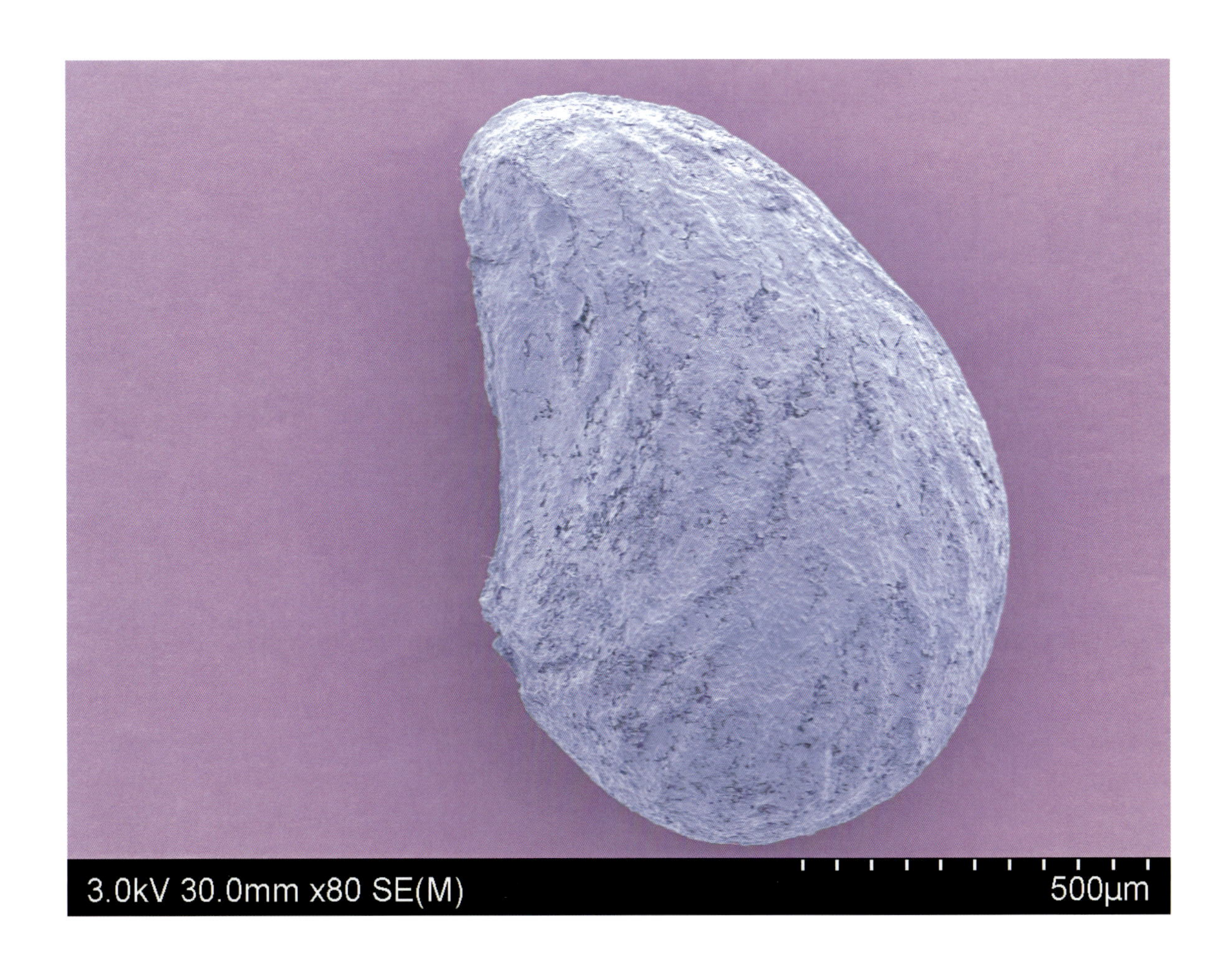

063 蒙古扁桃
Prunus mongolica Maxim.

蔷薇科 Rosaceae
李属 *Prunus*

蒙　　名 乌兰 - 布衣勒斯。

别　　名 山樱桃。

种子形态 种子近似球形，表面光滑，带有明显的纵向棱，整体形状对称且饱满；大小为 5.00（4.95～5.05）mm × 4.50（4.45～4.55）mm。

种子功效 种子可榨食用油，也可代郁李仁入药。

花　　期 5 月。

果　　期 8 月。

生　　境 生于海拔 1000～2400m 的荒漠区和荒漠草原区的低山丘陵坡麓、石质坡地及干河床等地。

采 集 地 采自包头市大青山国家级自然保护区等地。

064 毛樱桃
Prunus tomentosa Thunb.

蔷薇科 Rosaceae
李属 *Prunus*

蒙　　名　哲日勒格 - 应陶日。
别　　名　山豆子。
种子形态　种子近似椭球形，表面粗糙并带有明显裂纹，顶部略微凹陷，整体形状饱满；大小为 6.61（6.60～6.62）mm × 5.34（5.33～5.35）mm。
种子功效　种仁含油率可达 43%，能制肥皂及润滑油。
花　　期　4～5 月。
果　　期　6～9 月。
生　　境　生于海拔 100～3200m 的山坡、林中、林缘、灌丛中或草地。
采 集 地　采自包头市固阳县等地。

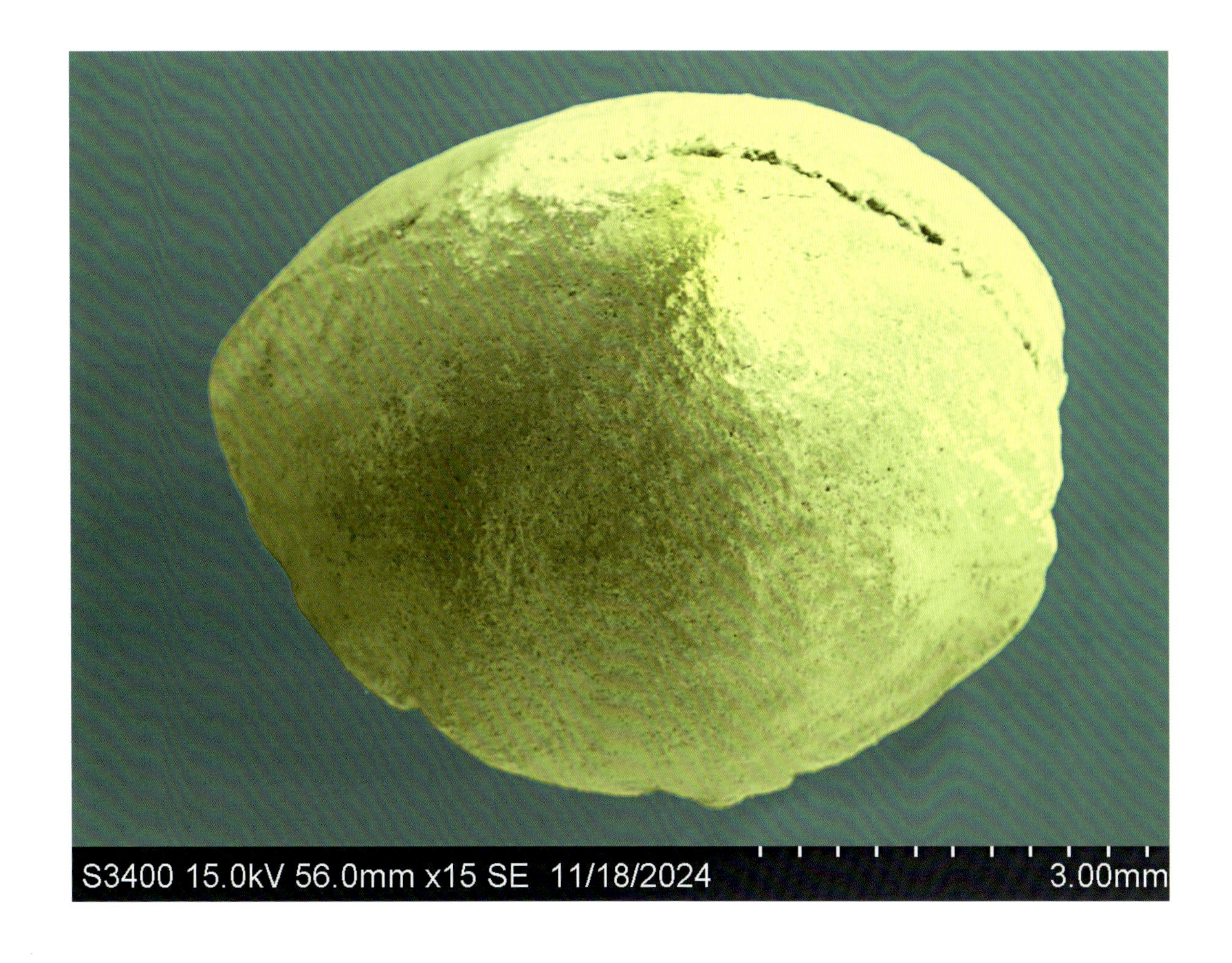

065 欧李
Prunus humilis Bunge

蔷薇科 Rosaceae
李属 *Prunus*

蒙　　名 乌拉嘎纳。

别　　名 酸丁。

种子形态 种子呈两端尖的椭圆形，表面粗糙，中央有一条明显的裂纹，整体形状对称；大小为 5.00（4.95～5.05）mm × 4.20（4.15～4.25）mm。

种子功效 种子辛、苦、甘、平，可入药。有润燥滑肠、下气、利水功效。用于治疗津枯肠燥、食积气滞、腹胀便秘、水肿、脚气、小便淋痛等病症。

花　　期 4～5 月。

果　　期 6～10 月。

生　　境 生于海拔 100～1800m 的阳坡、沙地、山地灌丛。

采 集 地 采自兴安盟科尔沁右翼中旗等地。

066 稠李 *Prunus padus* L.

蔷薇科 Rosaceae
李属 *Prunus*

蒙　　名　矛衣勒。

别　　名　臭李子。

种子形态　种子近似球形，表面粗糙且布满不规则凸起和凹陷，整体形状略显不规则，表面可见一些细小的缝隙；大小为 3.00（2.95～3.05）mm × 2.80（2.75～2.85）mm。

种子功效　种子含油，可用于提炼工业用油。

花　　期　4～5 月。

果　　期　6～10 月。

生　　境　生于海拔 800～2500m 的山坡、山谷或灌丛。

采 集 地　采自包头市土默特右旗九峰山自然保护区等地。

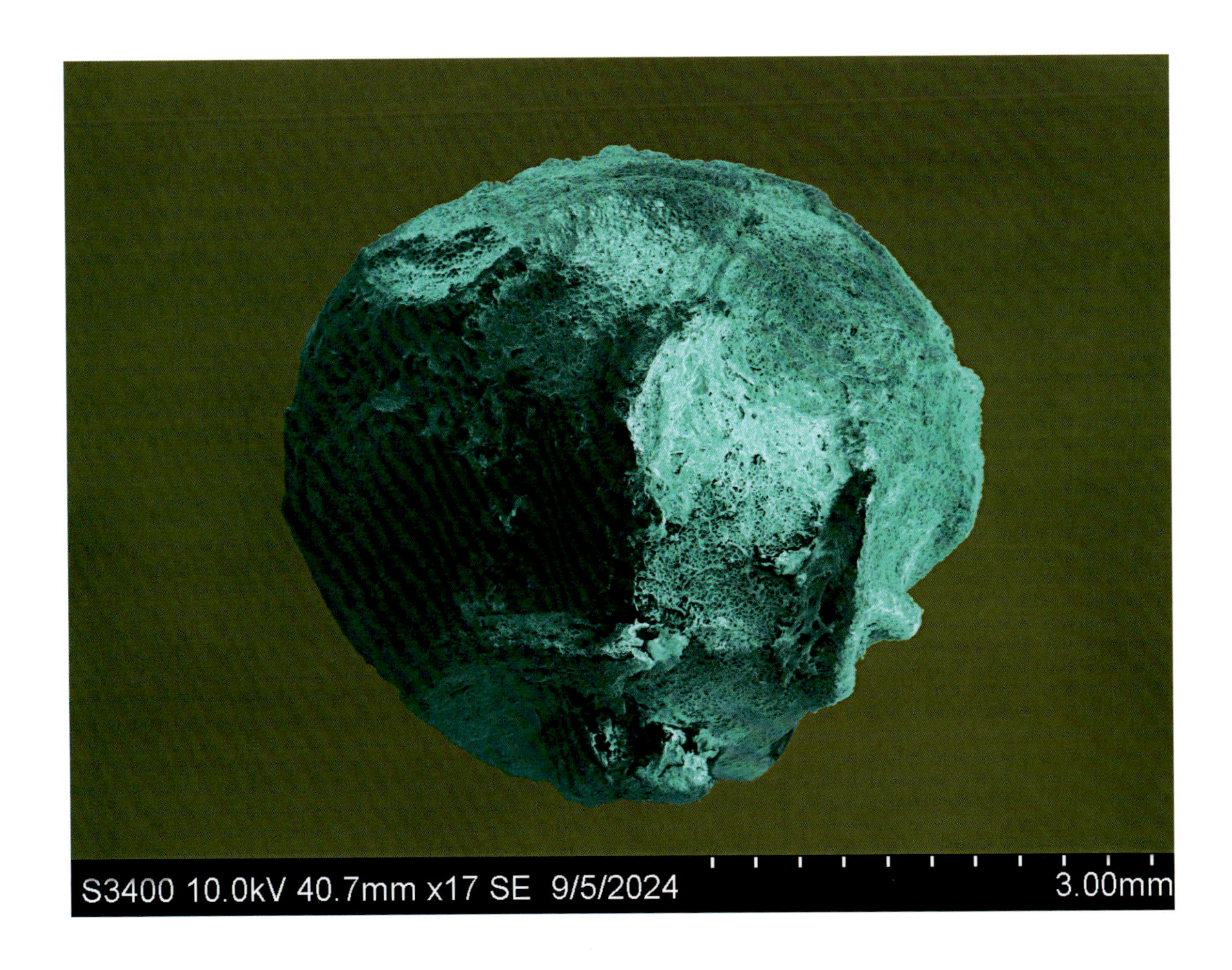

067 砂生槐

Sophora moorcroftiana Kanitz

豆科 Fabaceae
苦参属 *Sophora*

蒙　　名 额乐存 - 洪呼日朝格图 - 木德。

别　　名 狼牙刺。

种子形态 种子呈椭圆形，表面光滑，末端附有明显的不规则凸起物，整体形状较为对称；大小为 4.00（3.95～4.05）mm × 3.20（3.15～3.25）mm。

种子功效 种子具清热燥湿、解毒消肿、润肠通便等药用功效，可用于治疗湿热黄疸、痢疾、肠炎、痈肿疮毒等病症，还能缓解肠燥便秘。

花　　期 5～7 月。

果　　期 7～10 月。

生　　境 生于海拔 3000～4500m 的山坡、沙地。

采 集 地 采自乌海市乌海湖等地。

068 苦豆子 *Sophora alopecuroides* L.

豆科 Fabaceae
苦参属 *Sophora*

蒙　　名　胡兰 - 宝雅。

别　　名　窄叶野豌豆。

种子形态　种子卵圆形，直而稍扁；大小为 3.76（3.55～3.98）mm × 2.79（2.52～2.99）mm。

种子功效　种子具清热燥湿、止痛、杀虫等作用，可用于治疗湿热泻痢、胃脘痛、吞酸、湿疹、顽癣、白带过多等病症，还可外用治疗疮疖、溃疡等。

花　　期　5～6 月。

果　　期　8～10 月。

生　　境　生于海拔 3000～4500m 的固定沙地及路旁盐碱地。

采 集 地　采自鄂尔多斯市杭锦旗等地。

069 苦参 *Sophora flavescens* Aiton

豆科 Fabaceae
苦参属 *Sophora*

蒙　　名　道古勒 - 额布斯。

别　　名　野槐。

种子形态　种子呈椭圆形，表面较为光滑，带有细微的纹理线条，整体形状规则且对称；大小为 4.00（3.95～4.05）mm × 3.10（3.05～3.15）mm。

种子功效　种子可作农药。

花　　期　6～8 月。

果　　期　7～10 月。

生　　境　喜温暖燥热气候，耐寒、耐高温，喜肥、怕涝、耐盐碱。常生于海拔 600～3000m 的砂质土壤。

采 集 地　采自呼和浩特市大青山等地。

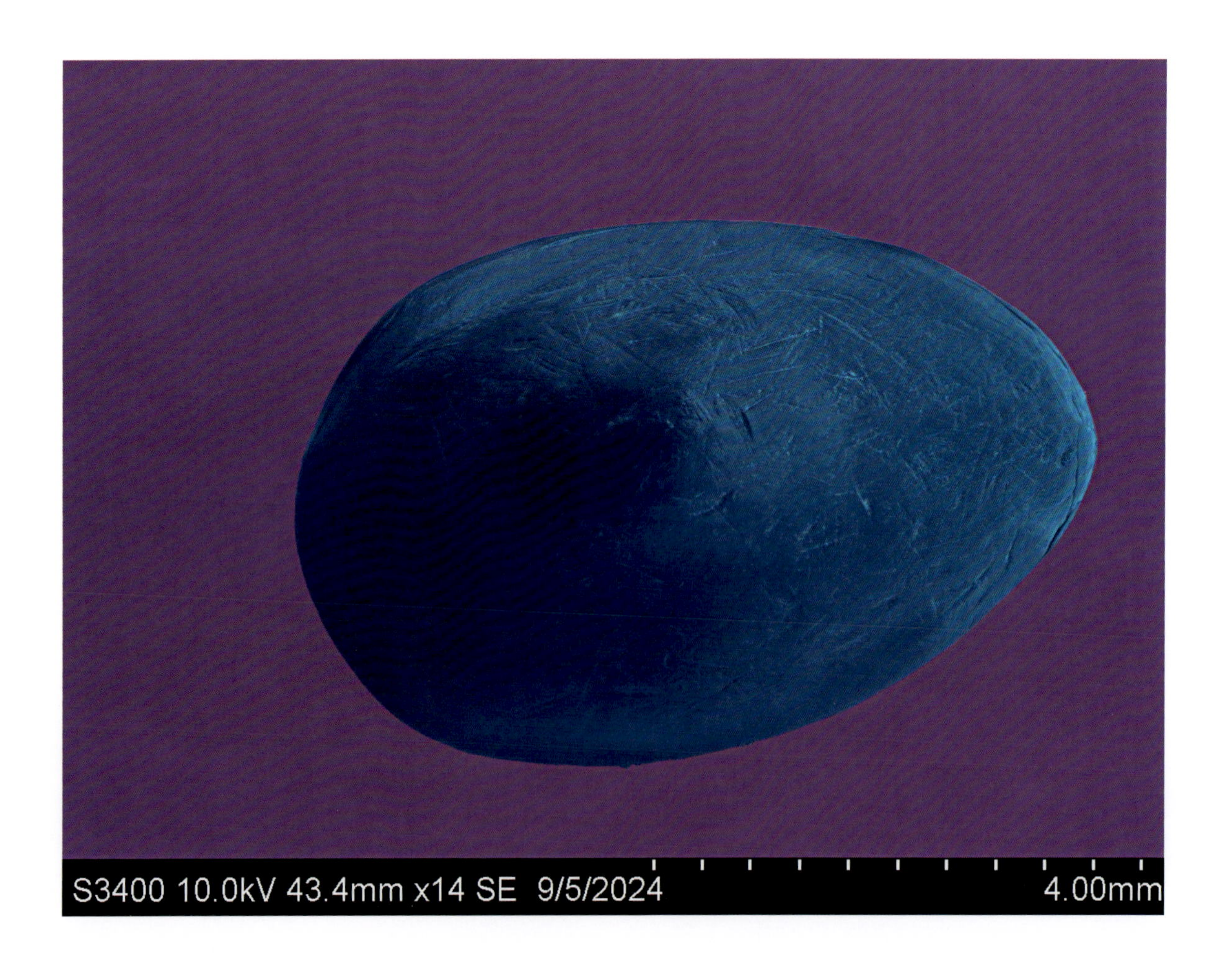

070 细叶百脉根

Lotus tenuis Waldst. & Kit. ex Willd.

豆科 Fabaceae
百脉根属 *Lotus*

蒙　　名　那日音 - 好希杨朝日。

别　　名　五叶草。

种子形态　种子呈椭圆形，表面较为光滑，整体纹理均匀，无明显凹凸点；大小为 1.48（1.22～1.71）mm × 1.18（0.97～1.36）mm。

种子功效　种子具有补虚清热、止渴生津、止血定痛、清热解毒等药用功效。

花　　期　5～9 月。

果　　期　7～10 月。

生　　境　生于海拔 400～3400m 的湿润而呈弱碱性的山坡、草地、田野或河滩地。

采 集 地　采自鄂尔多斯市准格尔旗阿贵庙等地。

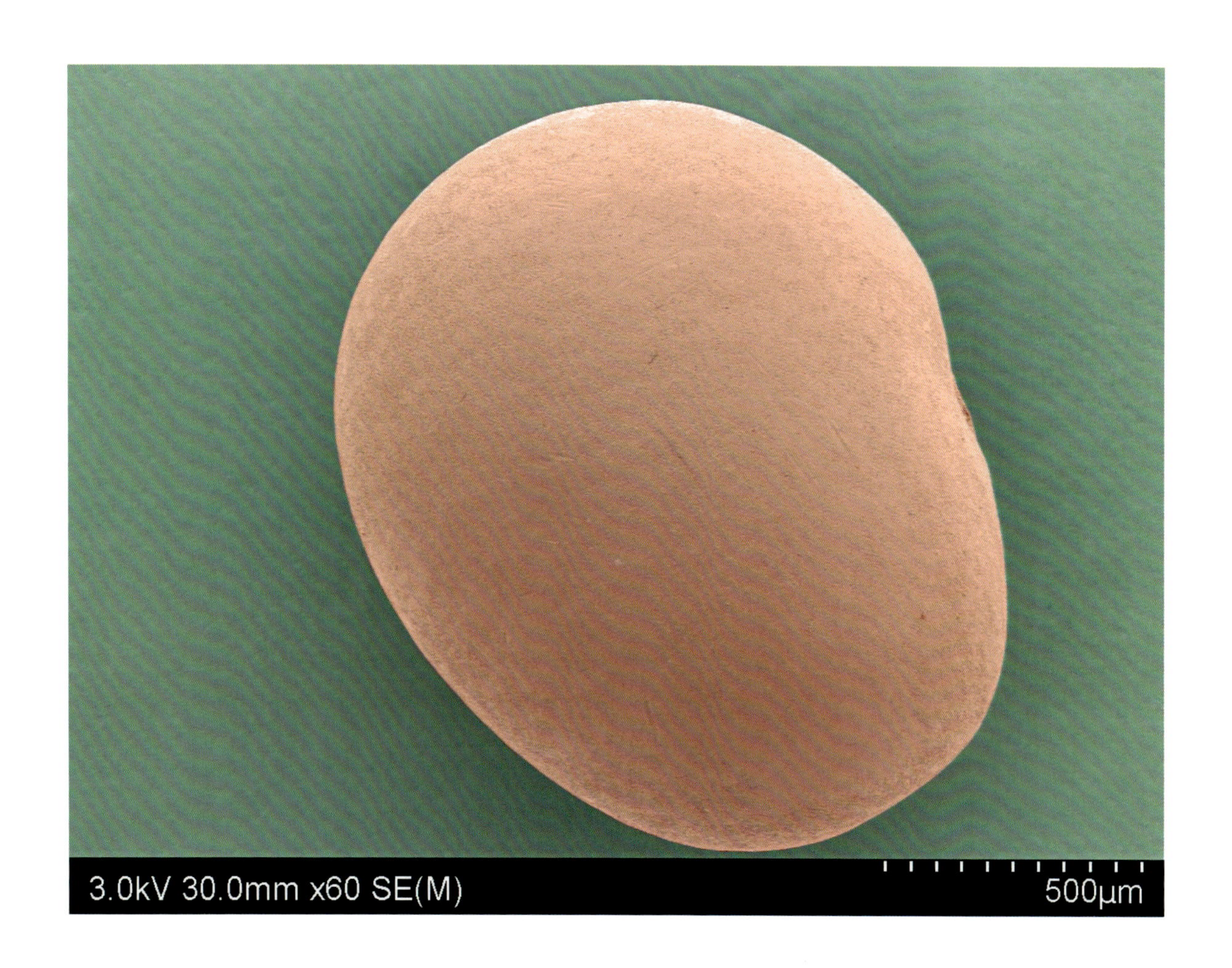

071 花木蓝 *Indigofera kirilowii* Maxim. ex Palib.

豆科 Fabaceae
木蓝属 *Indigofera*

蒙　　名　丹青 - 矛都。

别　　名　吉氏木蓝。

种子形态　种子呈长方形略带圆角，表面较为光滑，中央有一个明显的凹陷结构，整体形状规则；大小为 2.43（2.42～2.44）mm × 1.76（1.75～1.77）mm。

种子功效　种子具有清热利咽、解毒消肿、通便等药用功效，可用于治疗咽喉肿痛、肺热咳嗽、黄疸、热结便秘等病症，还可外用治疗痈肿疮毒。

花　　期　8～7 月。

果　　期　8 月。

生　　境　生于海拔 200～1400m 的山坡灌丛及疏林内或岩缝中。

采 集 地　采自通辽市科尔沁左翼后旗甘旗卡镇等地。

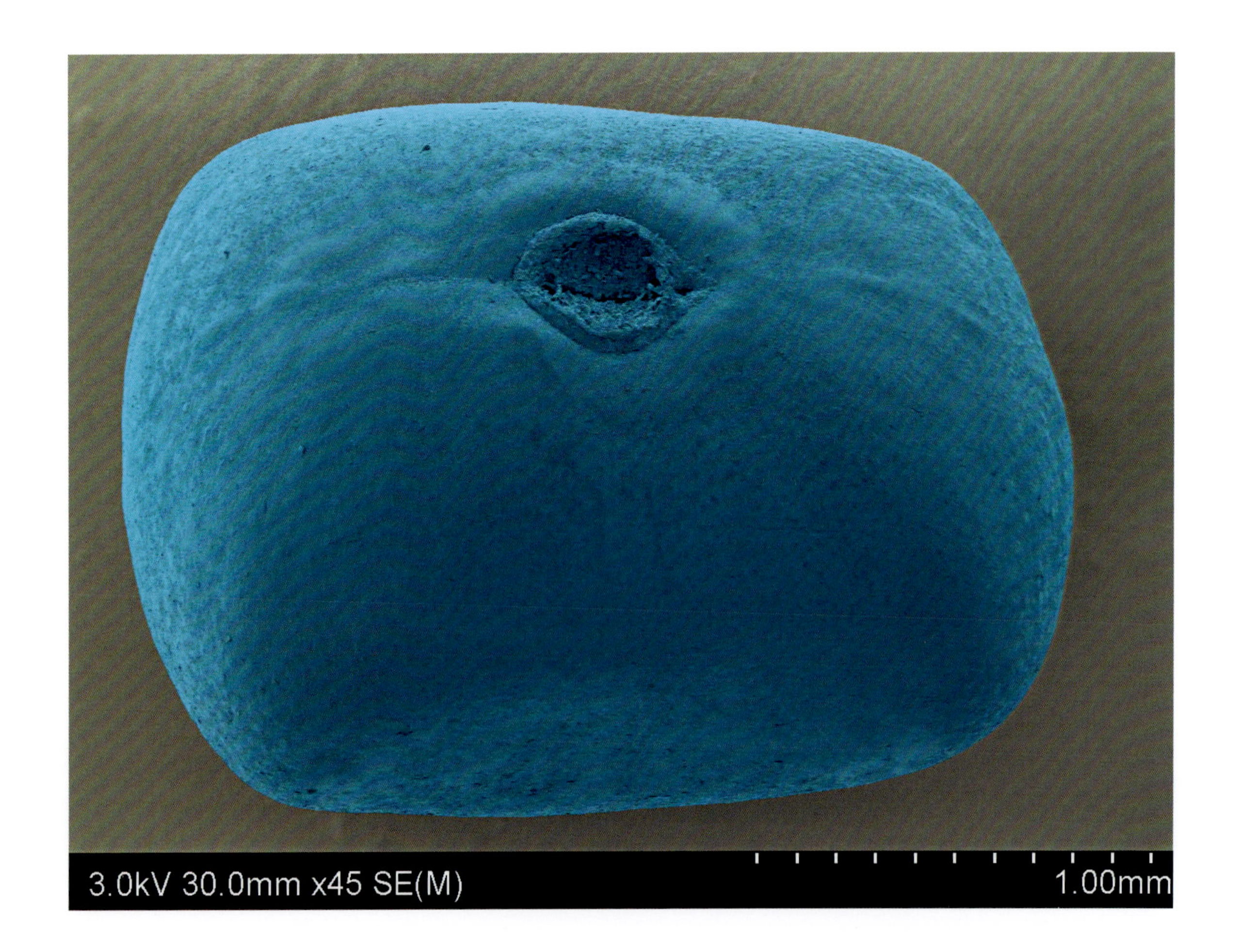

072 | 紫穗槐 *Amorpha fruticosa* L.

豆科 Fabaceae
紫穗槐属 *Amorpha*

蒙　　名　宝日 - 特如图 - 槐子。

别　　名　紫槐。

种子形态　种子呈弯曲的长椭圆形，表面带有不规则的凸起纹理，末端有尖锐的结构，整体形状类似弯月；大小为 3.00（2.95～3.05）mm × 1.20（1.15～1.25）mm。

种子功效　种子具有利尿通淋、清热解毒、抗菌消炎、改善循环系统等药用功效；植株可作饲料及生物染料等。

花 果 期　7～10 月。

生　　境　生于海拔 1200～3400m 的固定沙地中。

采 集 地　采自阿拉善盟阿拉善左旗等地。

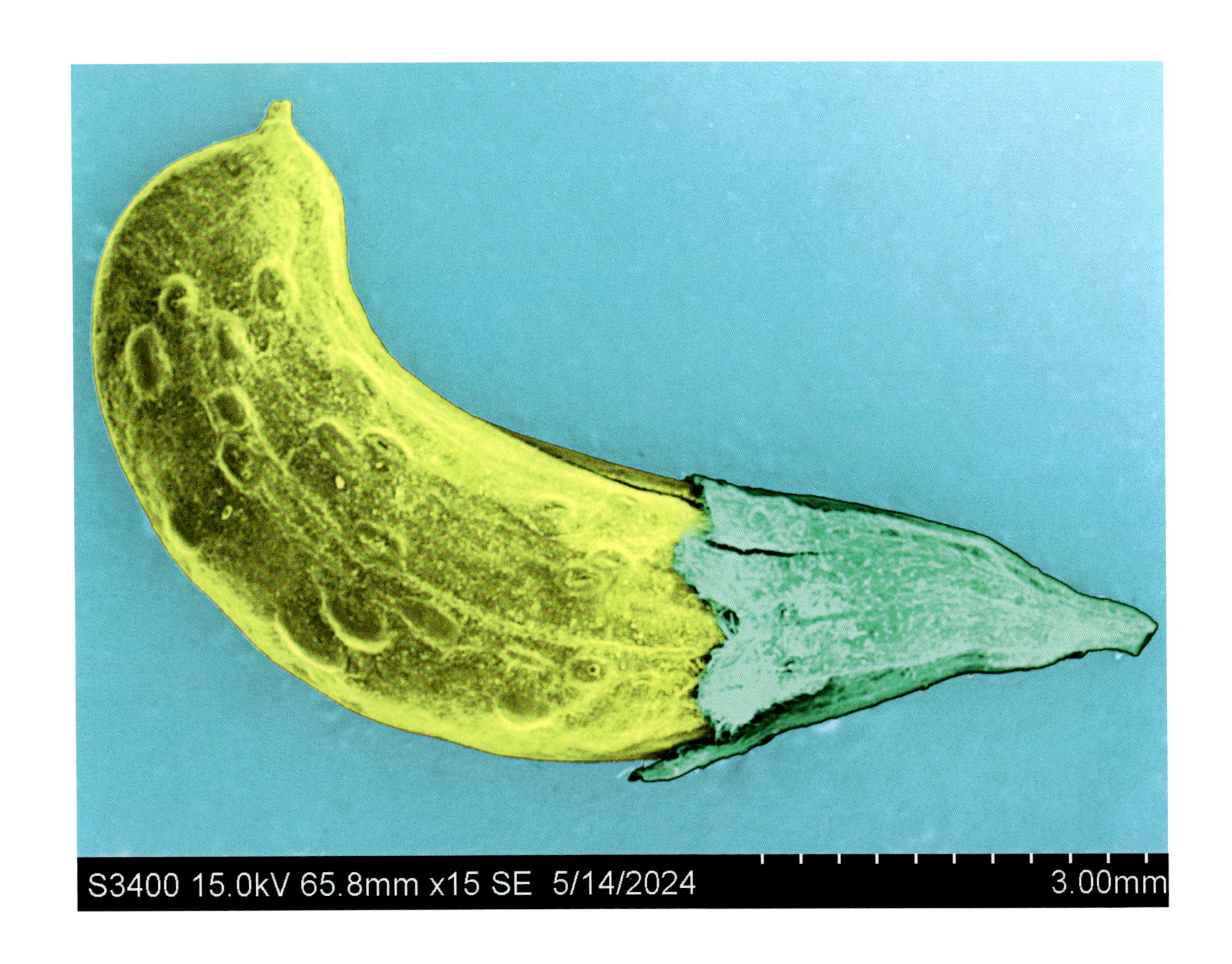

073 苦马豆 *Sphaerophysa salsula* (Pall.) DC.

豆科 Fabaceae
苦马豆属 *Sphaerophysa*

蒙　　名　洪呼图 - 额布斯。
别　　名　羊吹泡。
种子形态　种子椭圆形或卵圆形；大小为 2.23（1.99～2.56）mm × 1.71（1.50～1.94）mm。
种子功效　种子利尿，消肿；主治水肿、小便不利、鼓胀。
花 果 期　6～8 月。
生　　境　较耐干旱，生于海拔 960～3180m 的山坡、草原、荒地、沙滩、戈壁绿洲、沟渠旁及盐池周围，习见于盐化草甸。
采 集 地　采自包头市昆都仑区等地。

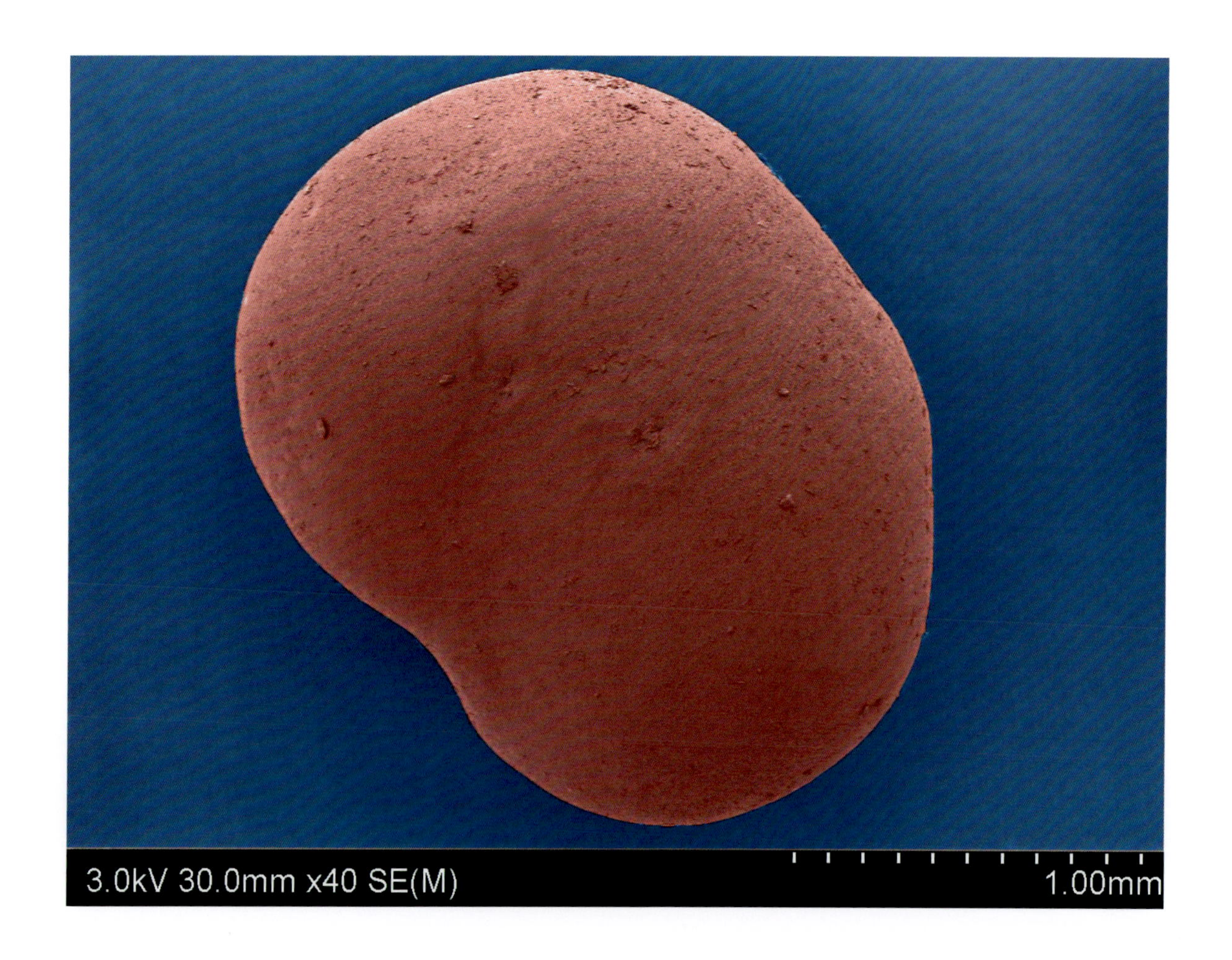

074 甘草 *Glycyrrhiza uralensis* Fisch.

豆科 Fabaceae
甘草属 *Glycyrrhiza*

蒙　　名 希禾日 - 额布斯。

别　　名 甜根子。

种子形态 种子圆形，表面较为光滑，整体纹理均匀；大小为 2.83（2.59～3.04）mm × 2.57（2.16～2.74）mm。

种子功效 种子具有补脾益气、清热解毒、祛痰止咳、缓解止痛及调和诸药的药用功效，可治脾胃虚弱、痈肿等多种病症。

花　　期 6～8 月。

果　　期 7～10 月。

生　　境 生于海拔 400～2700m 的干旱沙地、河岸沙质地、山坡草地及盐渍化土壤。

采 集 地 采自鄂尔多斯市杭锦旗等地。

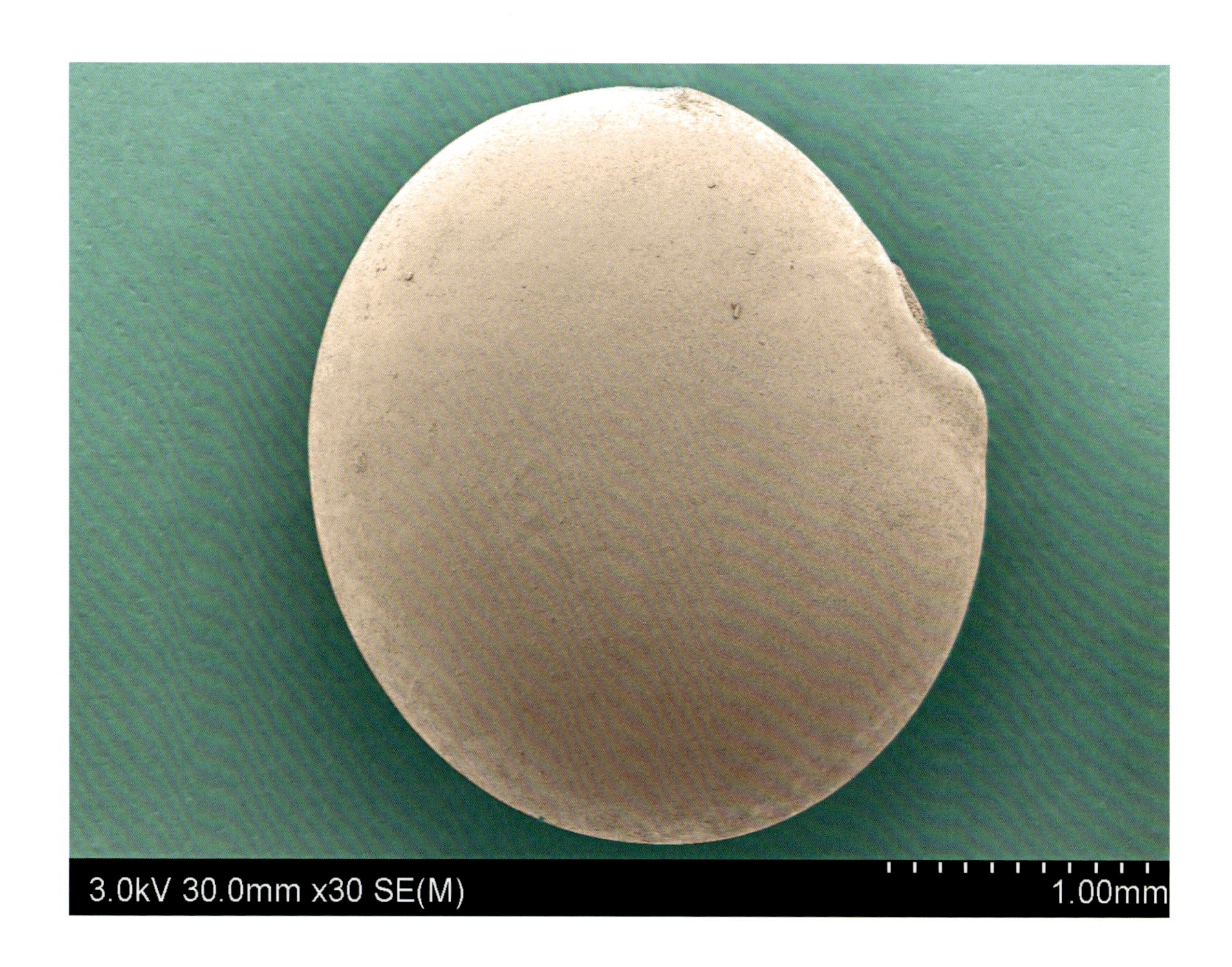

075 圆果甘草 *Glycyrrhiza squamulosa* Franch.

豆科 Fabaceae
甘草属 *Glycyrrhiza*

蒙　　名 海日苏力格 - 希禾日 - 额布斯。

别　　名 马兰秆。

种子形态 种子呈近似圆形，表面较为光滑，边缘有轻微的凹陷，整体形状规则；大小为2.69（2.68～2.70）mm × 1.56（1.55～1.57）mm。

种子功效 种子具有一定的清热解毒、止咳祛痰、补脾和中功效，可用于缓解咽喉肿痛、咳嗽痰多、脾胃虚弱等不适症状。

花　　期 5～7 月。

果　　期 6～9 月。

生　　境 生于海拔 400～3400m 的河岸阶地、路边、荒地、盐碱地。

采 集 地 采自包头市固阳县等地。

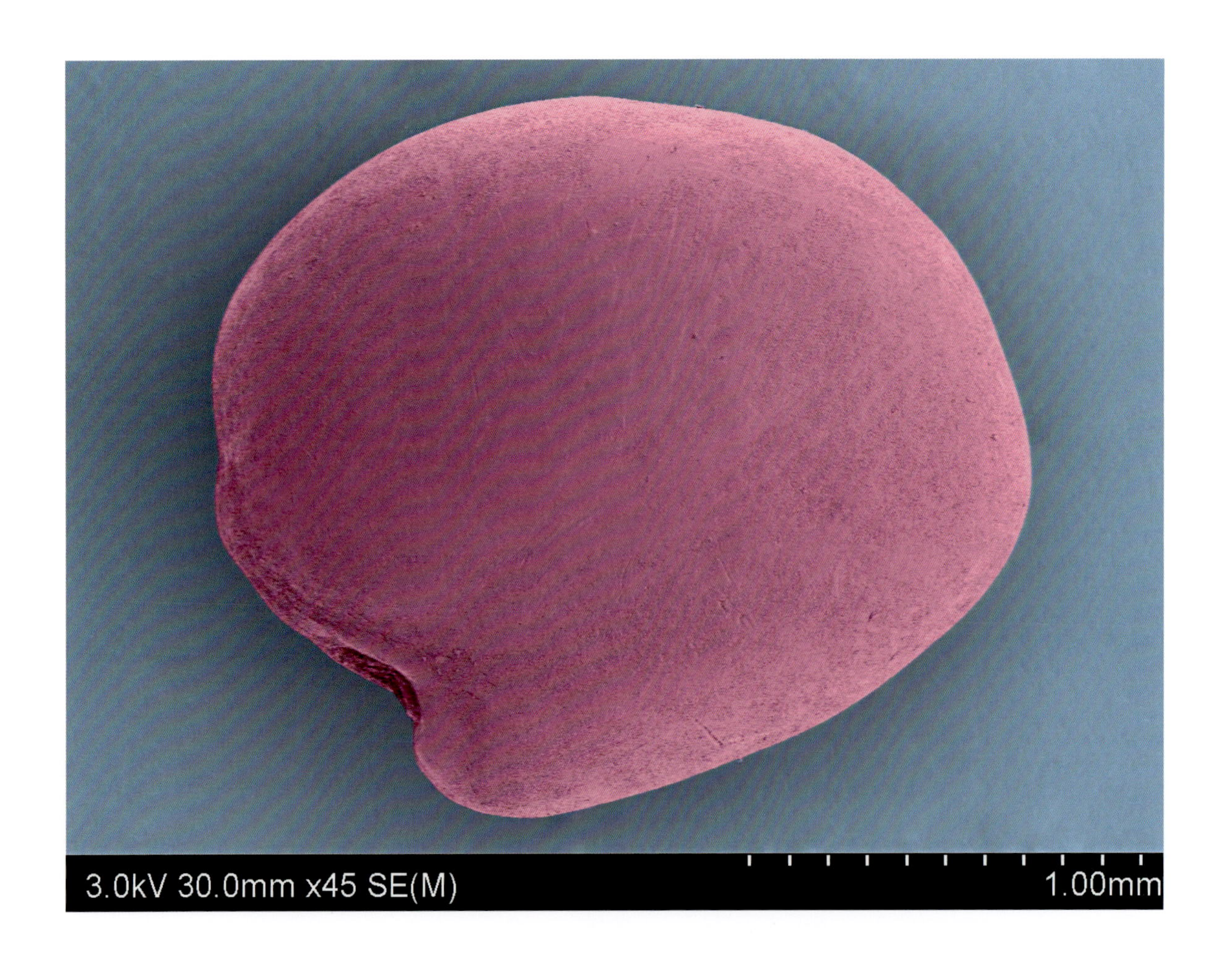

076 二色棘豆
Oxytropis bicolor Bunge

豆科 Fabaceae
棘豆属 *Oxytropis*

蒙　　名 阿拉格 - 奥日图哲。

别　　名 人头草。

种子形态 种子宽肾形，表面分布着稀疏的斑点，整体纹理较平滑，无明显凹点；大小为 1.96（1.77～2.15）mm × 1.37（1.14～1.62）mm。

种子功效 种子具有清热解毒、消肿止痛、祛痰止咳等药用功效，可用于治疗感冒发热、咽喉肿痛、咳嗽气喘、痈肿疮毒等病症。

花　　期 5～6 月。

果　　期 7～8 月。

生　　境 生于海拔 180～2500m 的山坡、沙地、路旁及荒地。

采 集 地 采自包头市九原区等地。

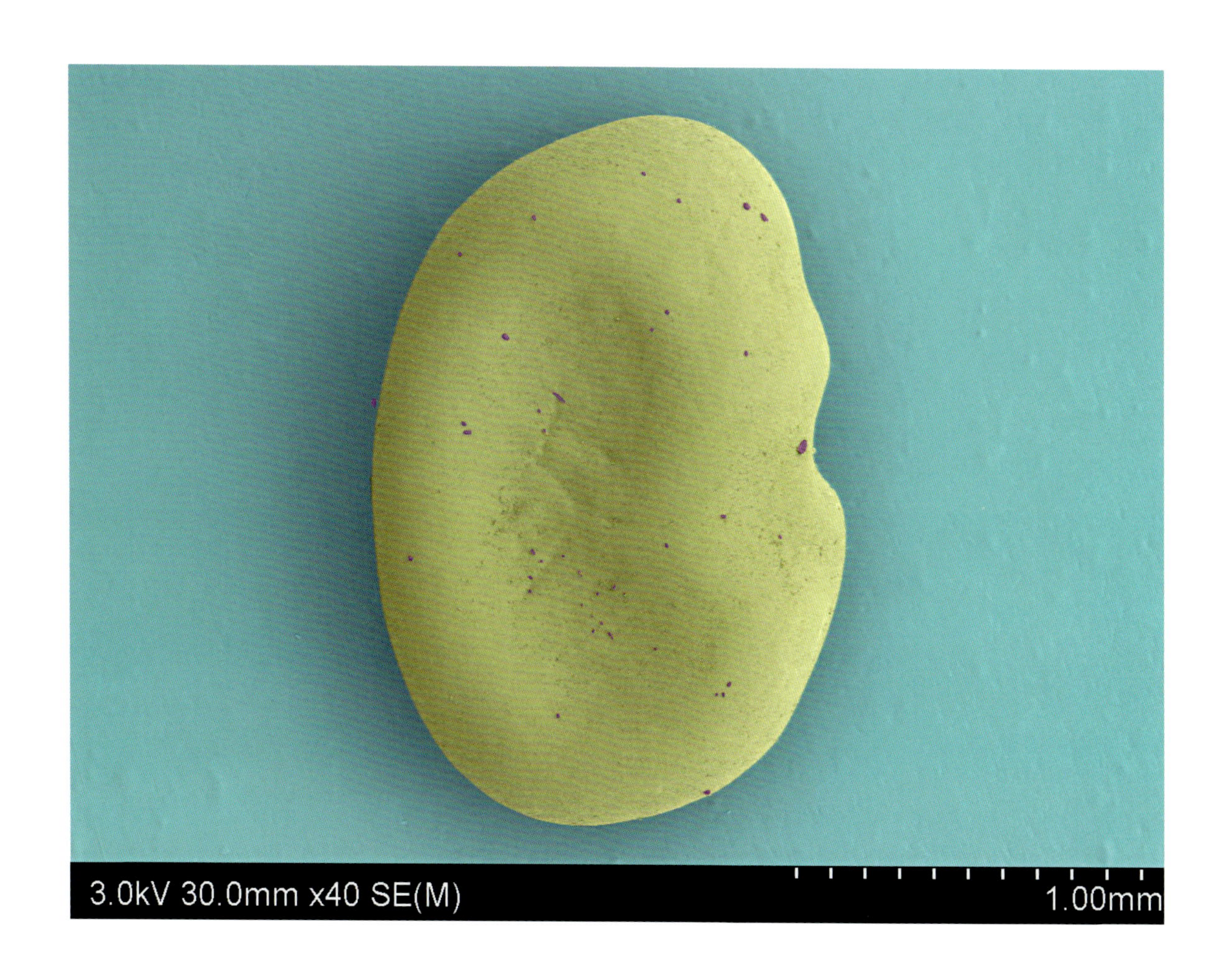

077 草珠黄芪 *Astragalus capillipes* Fisch. ex Bunge

豆科 Fabaceae
黄芪属 *Astragalus*

蒙　　名　那林 - 巴日古乐图 - 好恩其日。

别　　名　毛细柄黄芪。

种子形态　种子呈近似椭圆形，表面较为光滑，边缘部分略有凹陷，整体形状较为规则；大小为 2.50（2.49～2.51）mm × 1.72（1.71～1.73）mm。

种子功效　种子具有一定的补气固表、利尿脱毒、排脓、敛疮生肌等药用功效，可用于治疗气虚乏力、食少便溏、中气下陷、久泻脱肛、便血崩漏、表虚自汗、痈疽难溃、久溃不敛等情况。

花　　期　7～9 月。

果　　期　9～10 月。

生　　境　生于海拔 800～3600m 的河谷沙地、向阳山坡及路旁草地。

采 集 地　采自包头市石拐区等地。

078 达乌里黄芪 *Astragalus dahuricus* (Pall.) DC.

豆科 Fabaceae
黄芪属 *Astragalus*

蒙　　名　达胡尔萨拉姆。

别　　名　兴安黄耆。

种子形态　种子呈肾形，表面较为光滑，整体纹理均匀，无明显凹点或凸起；大小为 1.53（1.24～1.81）mm × 1.10（0.91～1.43）mm。

种子功效　种子具有药用价值，可补肾益肝、固精明目。

花　　期　6～8 月。

果　　期　9 月。

生　　境　生于海拔 400～2500m 的山坡草地、荒地、林缘、林下、田边、路旁、河滩淤泥地、固定沙丘等。

采 集 地　采自包头市固阳县等地。

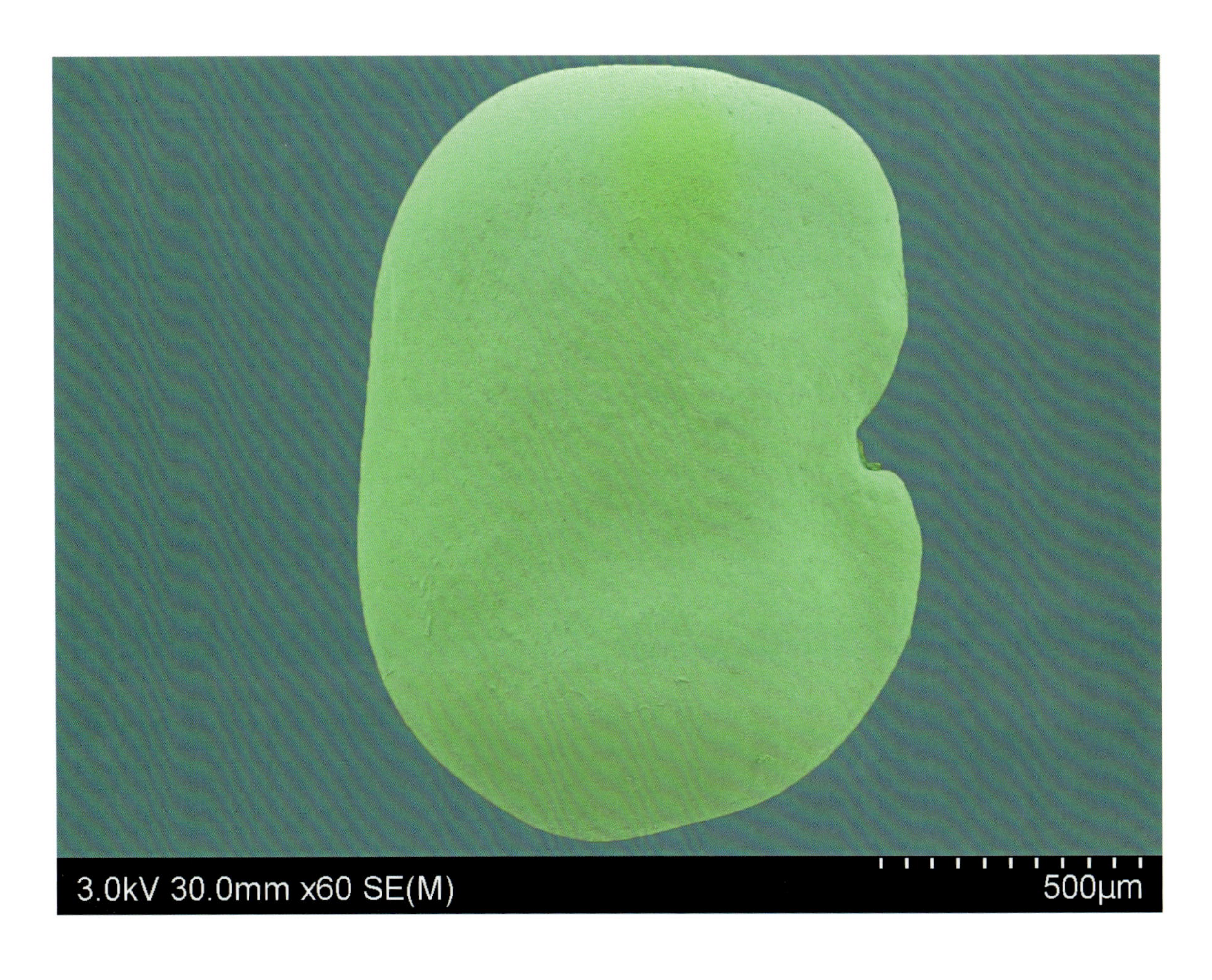

079 细叶黄芪 *Astragalus tenuis* Turcz.

豆科 Fabaceae
黄芪属 *Astragalus*

蒙　　名　纳日音 - 好恩其日。

别　　名　山胡麻。

种子形态　种子呈扁平的半圆形，表面具有明显的放射状褶皱纹理，边缘略有不规则起伏，整体形状类似贝壳；大小为 3.44（3.43～3.45）mm × 2.55（2.54～2.56）mm。

种子功效　种子具有一定的补肾固精、明目、利尿等药用功效，可用于治疗肾虚腰痛、腰膝酸软、眩晕耳鸣、目暗不明、水肿等病症。

花　　期　7～8 月。

果　　期　8～9 月。

生　　境　生于海拔 800～3200m 的轻壤质土壤。

采 集 地　采自包头市石拐区等地。

080 扁茎黄芪
Astragalus complanatus R. Ex Bge.

豆科 Fabaceae
黄芪属 *Astragalus*

蒙　　名　哈布他盖 - 好恩其日。
别　　名　蔓黄芪。
种子形态　种子圆肾形，表面分布着规则的网状纹理；大小为 3.85（3.64～4.02）mm × 3.33（3.02～3.59）mm。
种子功效　种子即沙苑子，具有补肾固精、养肝明目等药用功效。
花　　期　7～8 月。
果　　期　8～10 月。
生　　境　生于海拔 800～3200m 的山野，草原带的碱化草甸、山地阳坡及灌丛、田间。
采 集 地　采自包头市固阳县等地。

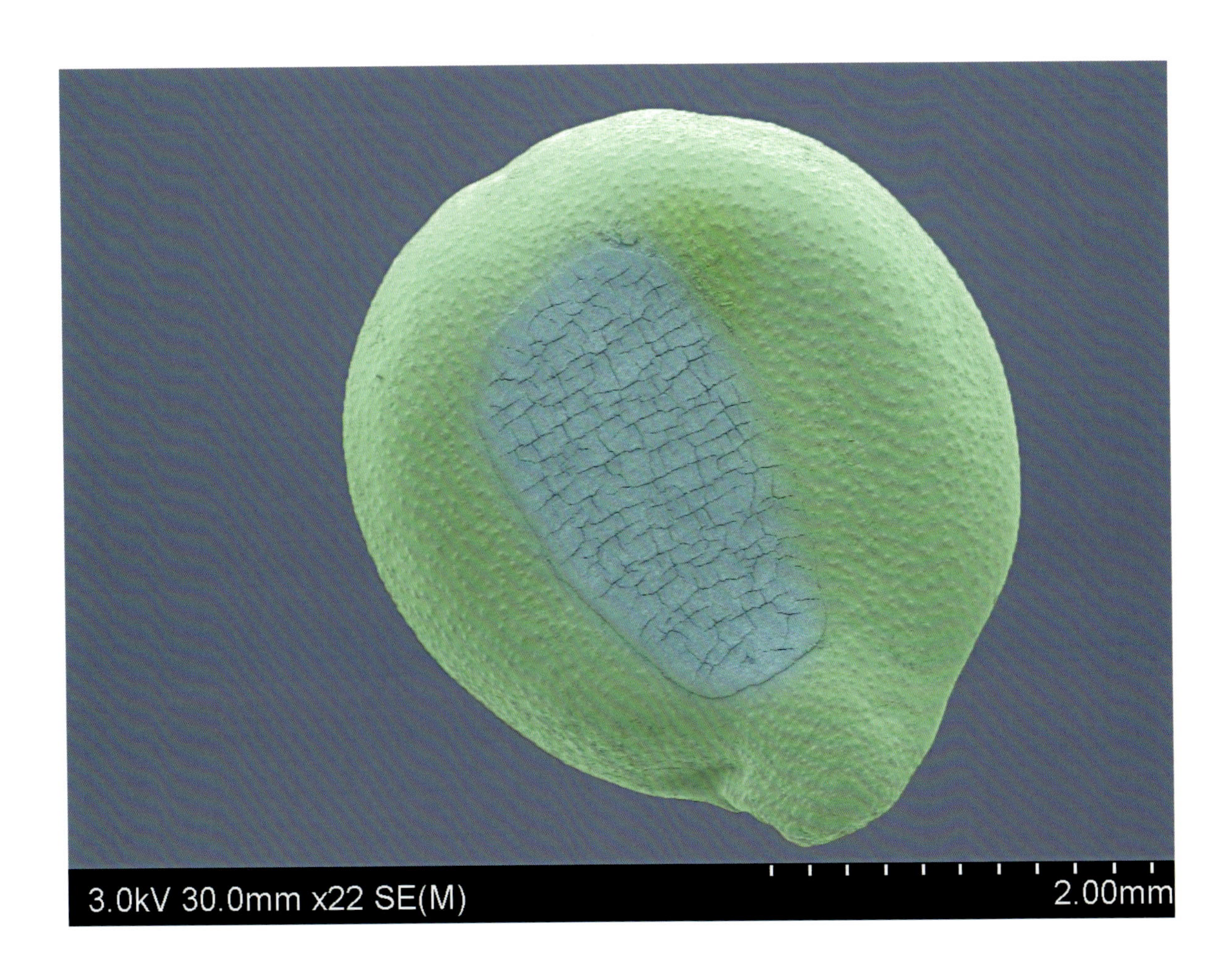

081 沙打旺

Astragalus adsurgens Pall. ‘Shadawang’

豆科 Fabaceae
黄芪属 *Astragalus*

蒙　　名 特哲林 - 好恩其日。

别　　名 直立黄芪。

种子形态 种子卵圆形；大小为 2.27（2.04～2.45）mm × 1.38（1.01～1.77）mm。

种子功效 种子可入药，为强壮剂，可治疗神经衰弱。

花　　期 6～8 月。

果　　期 8～10 月。

生　　境 生于海拔 1100～2700m 的干旱草原。

采 集 地 采自鄂尔多斯市鄂托克旗等地。

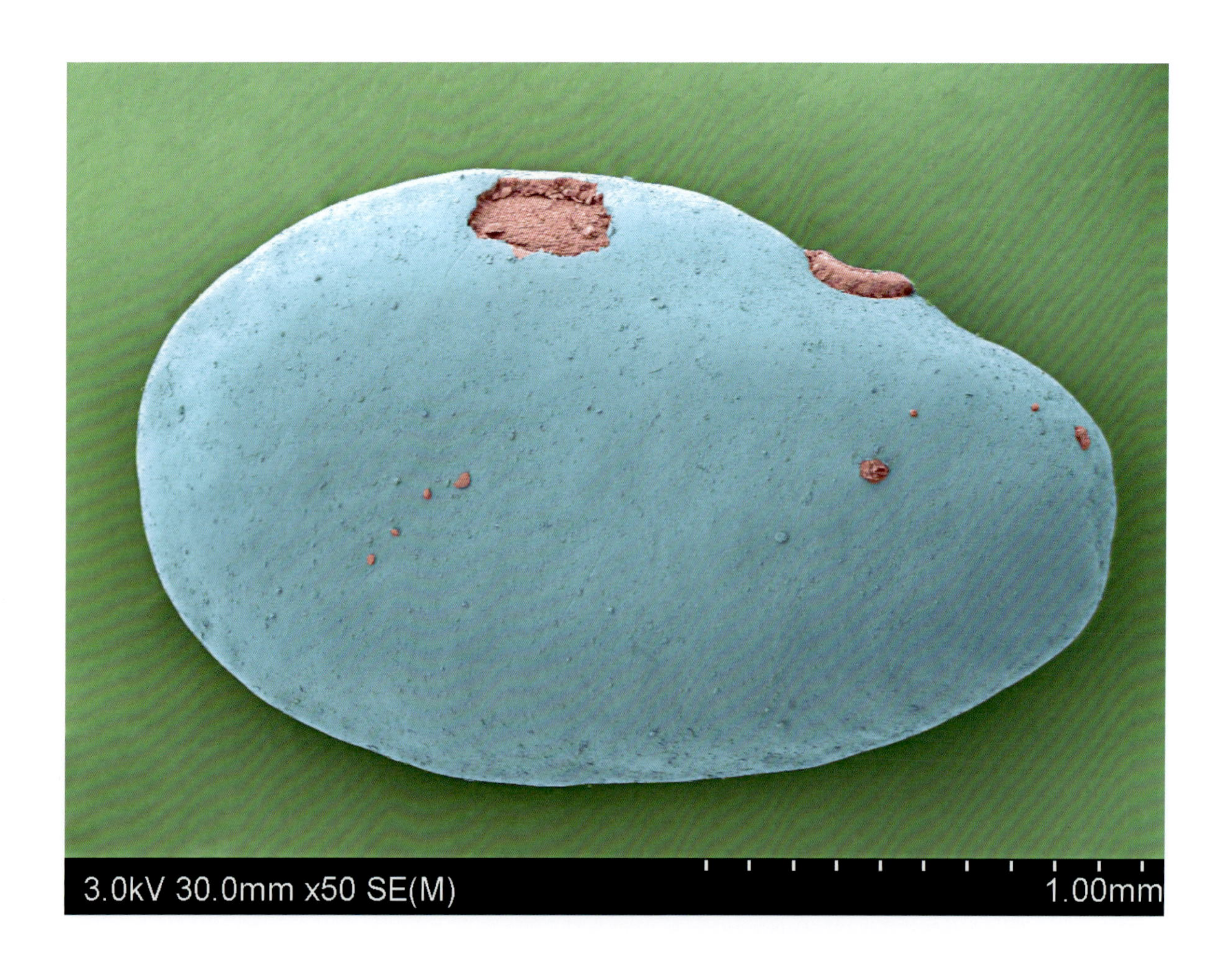

082 草木樨状黄芪
Astragalus melilotoides Pall.

豆科 Fabaceae
黄芪属 *Astragalus*

蒙　　名　哲格仁 - 希勒比。

别　　名　扫帚苗。

种子形态　种子呈椭圆形，表面分布着数条条纹状凸起；大小为 2.27（2.01～2.45）mm × 1.68（1.41～2.94）mm。

种子功效　可入药，能祛湿，主治风湿关节疼痛、四肢麻木。

花　　期　7～8 月。

果　　期　8～9 月。

生　　境　中旱生植物，多适应于砂质及轻壤质土壤。为典型草原及森林草原最常见的伴生植物，在局部可成为次优势种。

采 集 地　采自包头市固阳县等地。

083 柠条 *Caragana korshinskii* Kom.

豆科 Fabaceae
锦鸡儿属 *Caragana*

蒙　　名　杳干 - 哈日嘎纳。
别　　名　柠条锦鸡儿。
种子形态　种子呈椭圆形，表面较为光滑，略显不规则，边缘部分稍有凹陷，整体形状饱满；大小为 3.00（2.95～3.05）mm × 2.40（2.35～2.45）mm。
种子功效　种子可用于榨工业用油。
花　　期　5～6 月。
果　　期　6～7 月。
生　　境　生于海拔 500～2900m 的流动沙丘和半固定沙地。
采 集 地　采自包头市昆都仑区等地。

084 铃铛刺

Caragana halodendron (Pall.) Dum. Cours.

豆科 Fabaceae
锦鸡儿属 *Caragana*

蒙　　名　哈日莫格。
别　　名　耐碱树。
种子形态　种子卵圆形或肾形；大小为 3.61（3.38～3.92）mm × 2.59（2.16～2.76）mm。
种子功效　种子具有清热祛湿、解毒消肿等药用功效。
花　　期　7 月。
果　　期　8 月。
生　　境　生于海拔 500～2900m 的流动沙丘和半固定沙地。
采 集 地　采自阿拉善盟阿拉善右旗等地。

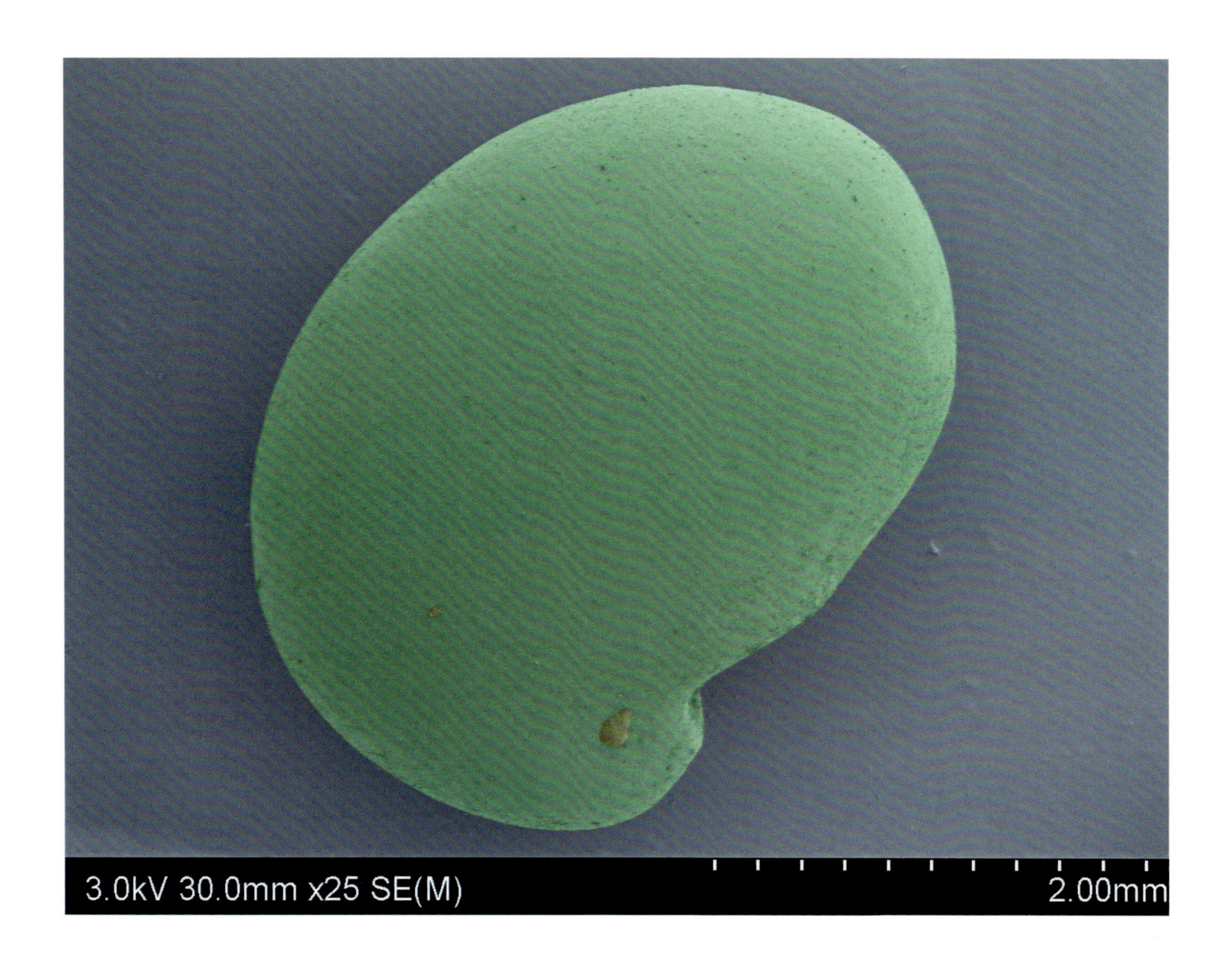

085 野豌豆 *Vicia sepium* L.

豆科 Fabaceae
野豌豆属 *Vicia*

蒙　　名 给希。

别　　名 滇野豌豆。

种子形态 种子呈近似椭圆形，表面光滑，无明显纹理或凸起，整体形状规则且对称；大小为 3.00（2.95～3.05）mm × 2.50（2.45～2.55）mm。

种子功效 种子具有补肾调经、祛痰止咳等药用功效。

花　　期 6 月。

果　　期 7～8 月。

生　　境 生于海拔 1000～2200m 的山坡、林缘草丛。

采 集 地 采自包头市土默特右旗等地。

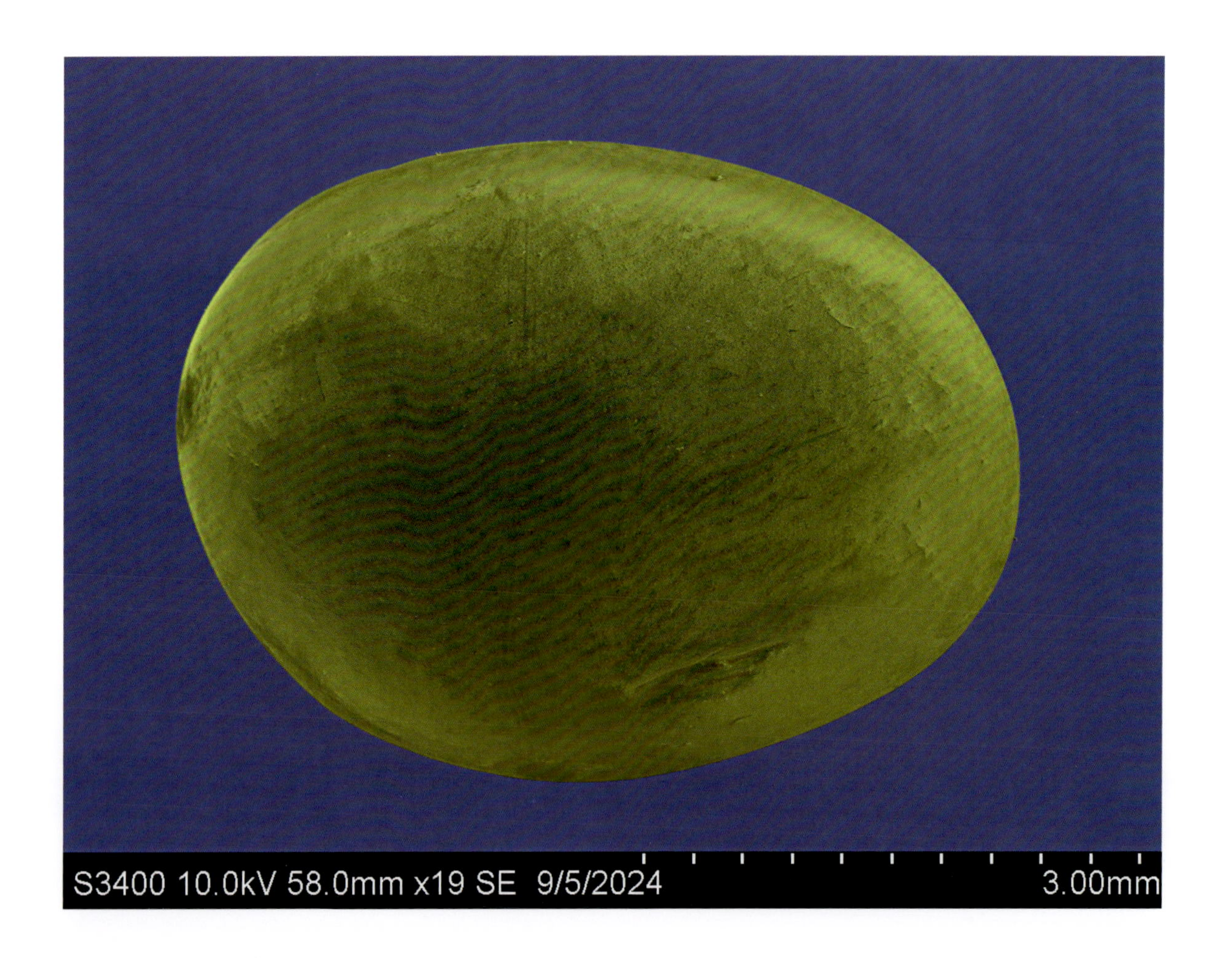

086 黄香草木樨

Melilotus officinalis Pall.

豆科 Fabaceae
草木樨属 *Melilotus*

蒙　　名　呼庆黑。

别　　名　黄花草木樨。

种子形态　种子卵形，平滑，整体纹理均匀；大小为 2.08（1.92～2.24）mm × 1.48（1.11～1.73）mm。

种子功效　种子具有清热解毒、利湿消肿、健胃和中、止咳平喘等药用功效。

花　　期　5～9 月。

果　　期　6～10 月。

生　　境　生于海拔 200～2000m 的山坡、河岸、路旁、沙质草地及林缘。

采 集 地　采自包头市固阳县等地。

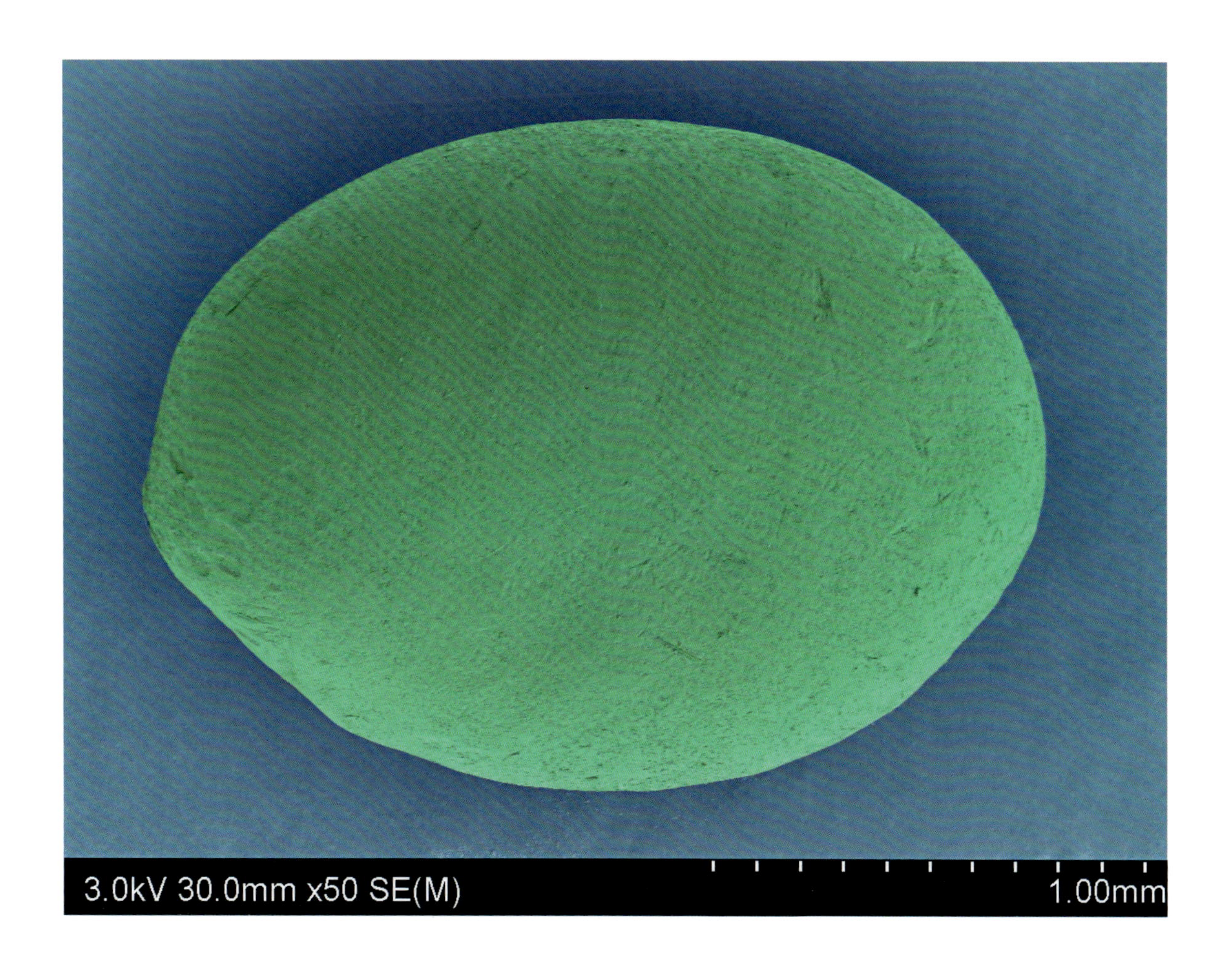

087 短茎岩黄芪
Hedysarum setigerum Turcz. ex Fisch. & C. A. Mey.

豆科 Fabaceae
岩黄芪属 *Hedysarum*

蒙　　名　禾伊音干 - 好恩其日。

别　　名　短茎岩黄耆。

种子形态　荚果扁平，各荚节倒卵状圆形或近圆形，边缘具不太明显的棱线，两面有细网脉，无毛；大小为 3.24（2.93～3.56）mm × 2.79（2.36～3.01）mm。

种子功效　种子具有补肾壮阳、固精缩尿、明目等药用功效。

花　　期　7～8 月。

果　　期　8～9 月。

生　　境　生于海拔 200～1800m 的沙质草原和干旱的沙砾质山坡。

采 集 地　采自包头市固阳县等地。

088 细枝羊柴

Corethrodendron scoparium (Fisch. & C. A. Mey.) Fisch. & Basiner

豆科 Fabaceae
羊柴属 *Corethrodendron*

蒙　　名 乌兰 - 胡日嘎。

别　　名 花棒。

种子形态 种子呈椭圆形，表面覆盖大量细长的毛状凸起，整体结构复杂且具有放射状结构，边缘略显不规则；大小为 4.00（3.95～4.05）mm × 3.20（3.15～3.25）mm。

种子功效 种子可供食用、油用和饲料用。

花　　期 6～9 月。

果　　期 8～10 月。

生　　境 生于海拔 800～2300m 的半荒漠沙丘或沙地，荒漠前山冲沟中的沙地。

采 集 地 采自鄂尔多斯市库布齐沙漠等地。

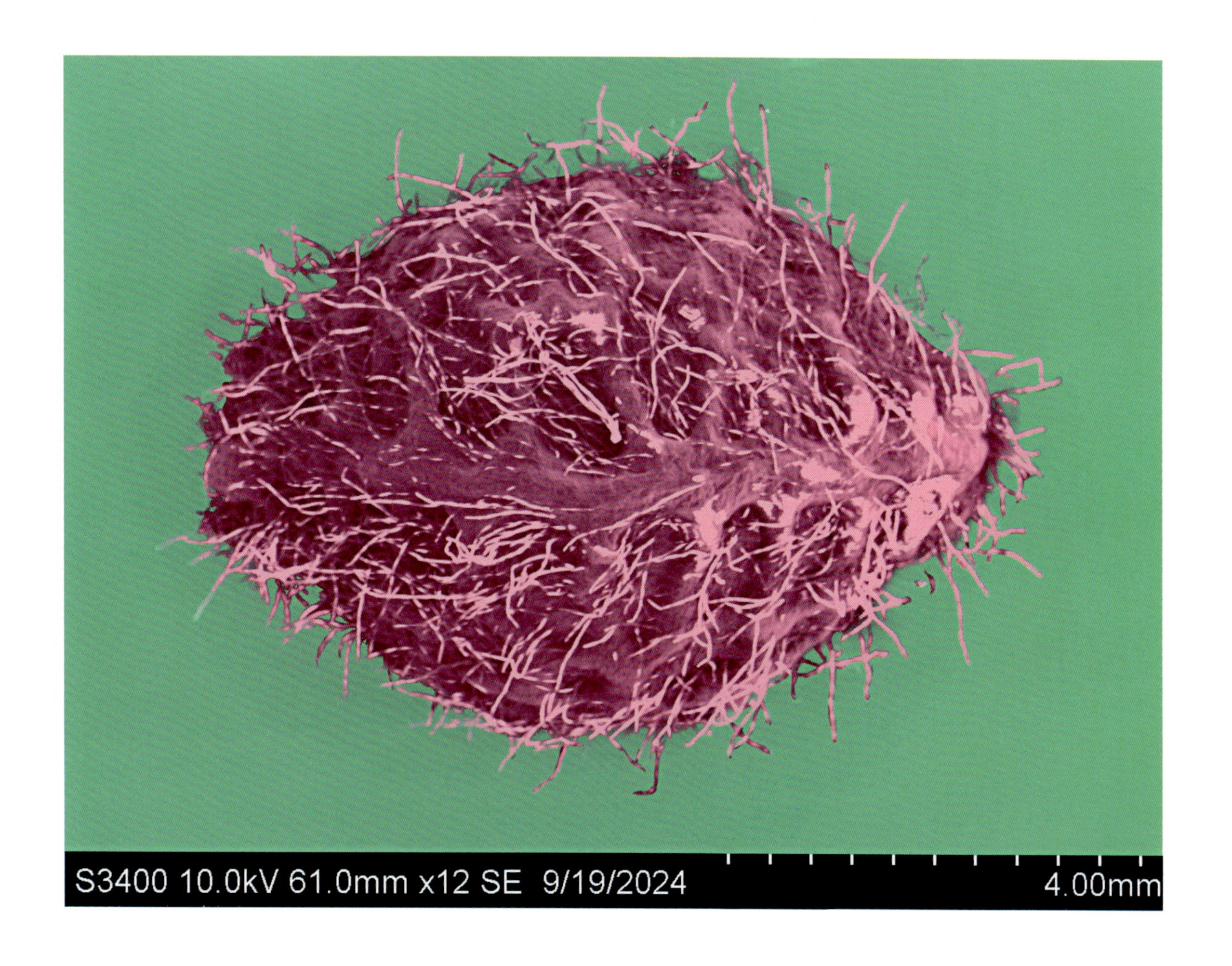

089 羊柴

Corethrodendron fruticosum (Pall.) B. H. Choi & H. Ohashi

豆科 Fabaceae
羊柴属 *Corethrodendron*

蒙　　名　乌兰 - 宝日其干纳。

别　　名　山竹子。

种子形态　种子呈扁平的不规则椭圆形，表面布满明显的网状纹理，结构清晰且规则；大小为 5.48（5.47～5.49）mm × 3.31（3.30～3.32）mm。

种子功效　具有补肾固精、健脾止泻等药用功效。

花　　期　7～8 月。

果　　期　8～9 月。

生　　境　生于海拔 800～2000m 的覆沙地、固定、半固定沙地及排水良好的沙质地。

采 集 地　采自阿拉善盟阿拉善右旗、腾格里沙漠等地。

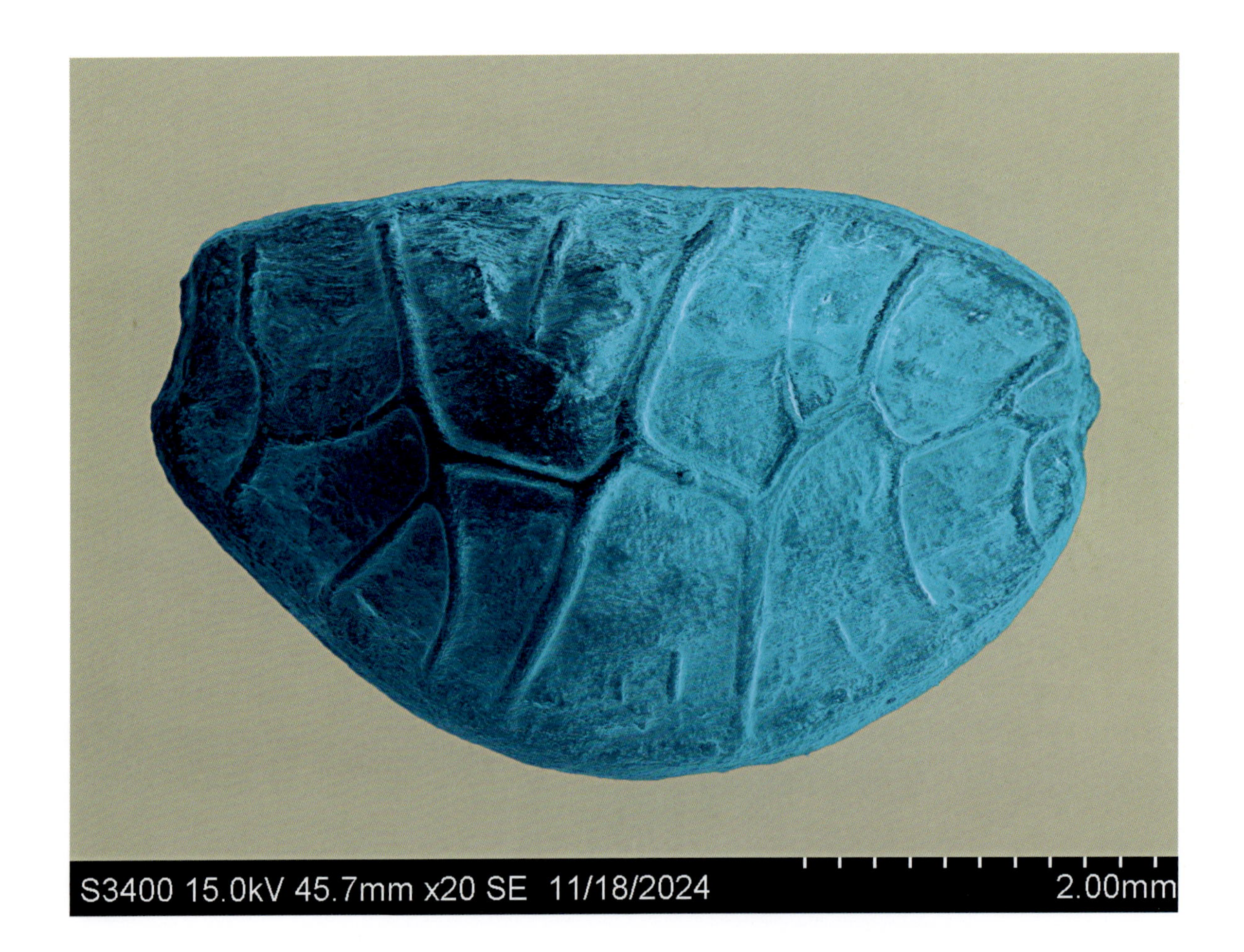

090 胡枝子

Lespedeza bicolor Turcz.

豆科 Fabaceae
胡枝子属 *Lespedeza*

蒙　　名　矛仁 - 呼日布格。
别　　名　随军茶。
种子形态　种子呈梨形，表面纹理较细腻，基部带有长条形附属结构，整体形状略显不对称；大小为 3.59（3.58～3.60）mm × 2.04（2.03～2.05）mm。
种子功效　可入药，性味平温，有清热理气和止血的药用功效。
花　　期　7～9 月。
果　　期　9～10 月。
生　　境　生于海拔 150～1000m 的山坡、林缘、路旁、灌丛及杂木林间。
采 集 地　采自包头市大青山国家级自然保护区等地。

091 宿根亚麻 *Linum perenne* L.

亚麻科 Linaceae
亚麻属 *Linum*

蒙　　名　塔拉音 - 麻嘎领古。

别　　名　豆麻。

种子形态　种子卵圆形，表面较平整，没有明显的凸起或凹陷，整体纹理较均匀，种子一端可看到一个较圆润的边缘，而另一端则稍微变窄；大小为 3.51（3.12～3.84）mm × 1.84（1.49～2.07）mm。

种子功效　藏医用于治疗子宫瘀血、闭经、身体虚弱。

花　　期　6～7 月。

果　　期　8～9 月。

生　　境　生于海拔 0～4100m 的干旱草原、沙砾质干河滩和干旱的山地阳坡疏灌丛或草地。

采 集 地　采自包头市固阳县等地。

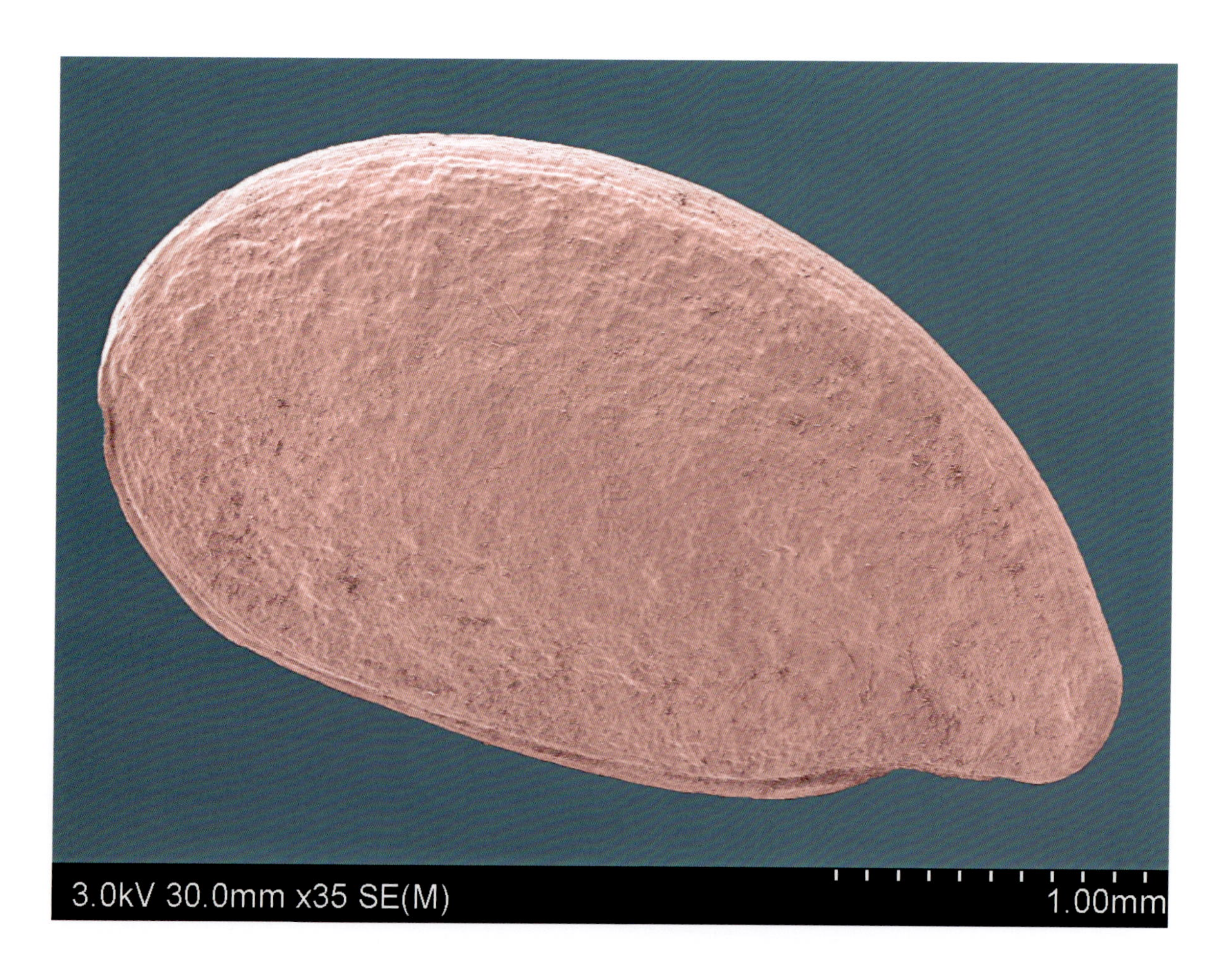

092 大白刺
Nitraria roborowskii Kom.

白刺科 Nitrariaceae
白刺属 *Nitraria*

蒙　　名　陶日格 - 哈日莫格。

别　　名　齿叶白刺。

种子形态　种子呈纺锤形，表面粗糙且带有不规则的褶皱和凸起，末端略尖，整体形状略显不对称；大小为 4.00（3.95～4.05）mm × 2.50（2.45～2.55）mm。

种子功效　种子具有健脾胃、助消化、安神、解表、下乳、调经养血、滋补强壮等药用功效。

花　　期　6 月。

果　　期　7～8 月。

生　　境　主要生于湖盆边缘、绿洲外围沙地等盐碱化程度较高的沙地环境。

采 集 地　采自鄂尔多斯市准格尔旗等地。

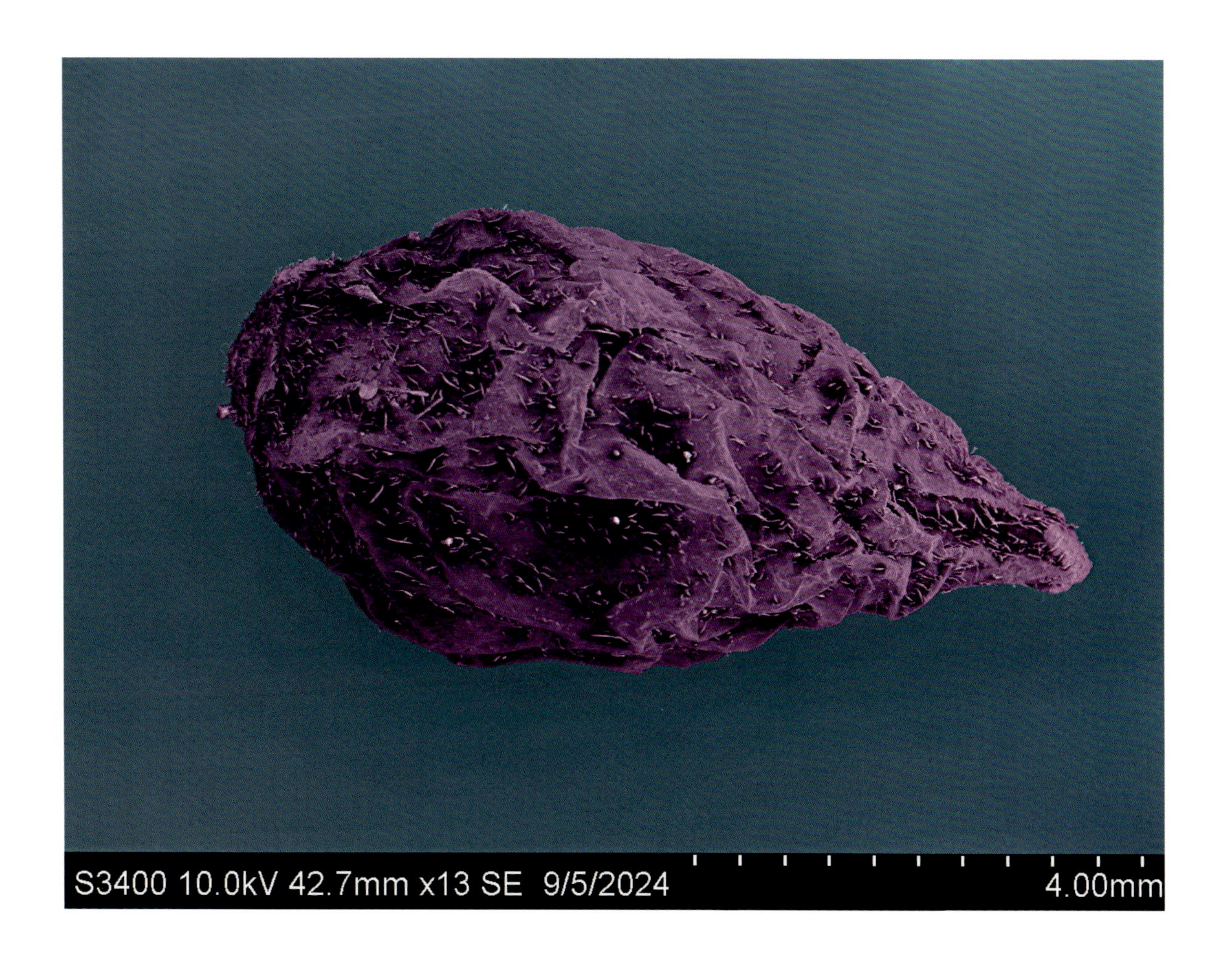

093 泡泡刺 *Nitraria sphaerocarpa* Maxim.

白刺科 Nitrariaceae
白刺属 *Nitraria*

蒙　　名 楚乐音 - 哈日莫格。

别　　名 球果白刺。

种子形态 种子呈长纺锤形，表面覆盖大量细小的毛状凸起，末端略尖且带有明显的附属结构，整体形状细长且不对称；大小为 4.00（3.95～4.05）mm × 1.80（1.75～1.85）mm。

种子功效 果实可榨油。

花　　期 5～6 月。

果　　期 6～7 月。

生　　境 极耐干旱，常生长于戈壁、山前平原和砾质平坦沙地。

采 集 地 采自巴彦淖尔市乌拉特后旗等地。

094 蝎虎驼蹄瓣 *Zygophyllum mucronatum* Maxim.

蒺藜科 Zygophyllaceae
驼蹄瓣属 *Zygophyllum*

蒙　　名　额布存 - 胡迪日。

别　　名　草霸王。

种子形态　种子椭圆形或卵形，黄褐色，表面有密孔；大小为 3.86（3.33～4.03）mm × 2.28（1.91～2.47）mm。

种子功效　种子具有清热祛湿、消肿解毒等药用功效。

花 果 期　7～9 月。

生　　境　生于海拔 800～3000m 的低山山坡、山前平原、冲积扇、河流阶地、黄土山坡。

采 集 地　采自乌海市海勃湾区等地。

095 北芸香
Haplophyllum dauricum (L.) G. Don

芸香科 Rutaceae
拟芸香属 *Haplophyllum*

蒙　　名　呼吉 - 额布苏。
别　　名　草芸香。
种子形态　种子呈卵形，表面分布着螺旋状的浅沟纹理，整体纹理呈旋涡状；大小为 1.42（1.03～1.67）mm × 909（884～927）μm。
种子功效　种子具有疏风清热、活血散瘀、解毒消肿等药用功效。
花　　期　6～8 月。
果　　期　8 月。
生　　境　生于海拔 100～1300m 的山坡、草地或岩石旁。
采 集 地　采自包头市昆都仑水库等地。

096 白鲜

Dictamnus dasycarpus Turcz.

芸香科 Rutaceae
白鲜属 *Dictamnus*

蒙　　名　阿格查嘎海。

别　　名　大茴香。

种子形态　种子呈水滴状，表面光滑，宽端圆润，窄端略尖，整体形状规则对称；大小为4.37（4.36～4.38）mm × 3.21（3.20～3.22）mm。

种子功效　种子具有清热燥湿、祛风解毒、杀虫等作用，可用于治疗湿热疮毒、风疹、疥癣、黄疸等病症。

花　　期　5月。

果　　期　8～9月。

生　　境　生于海拔1600～4300m的丘陵土坡、平地灌木丛、草地或疏林下，以及石灰岩山地。

采 集 地　采自赤峰市克什克腾旗大兴安岭主峰黄岗梁等地。

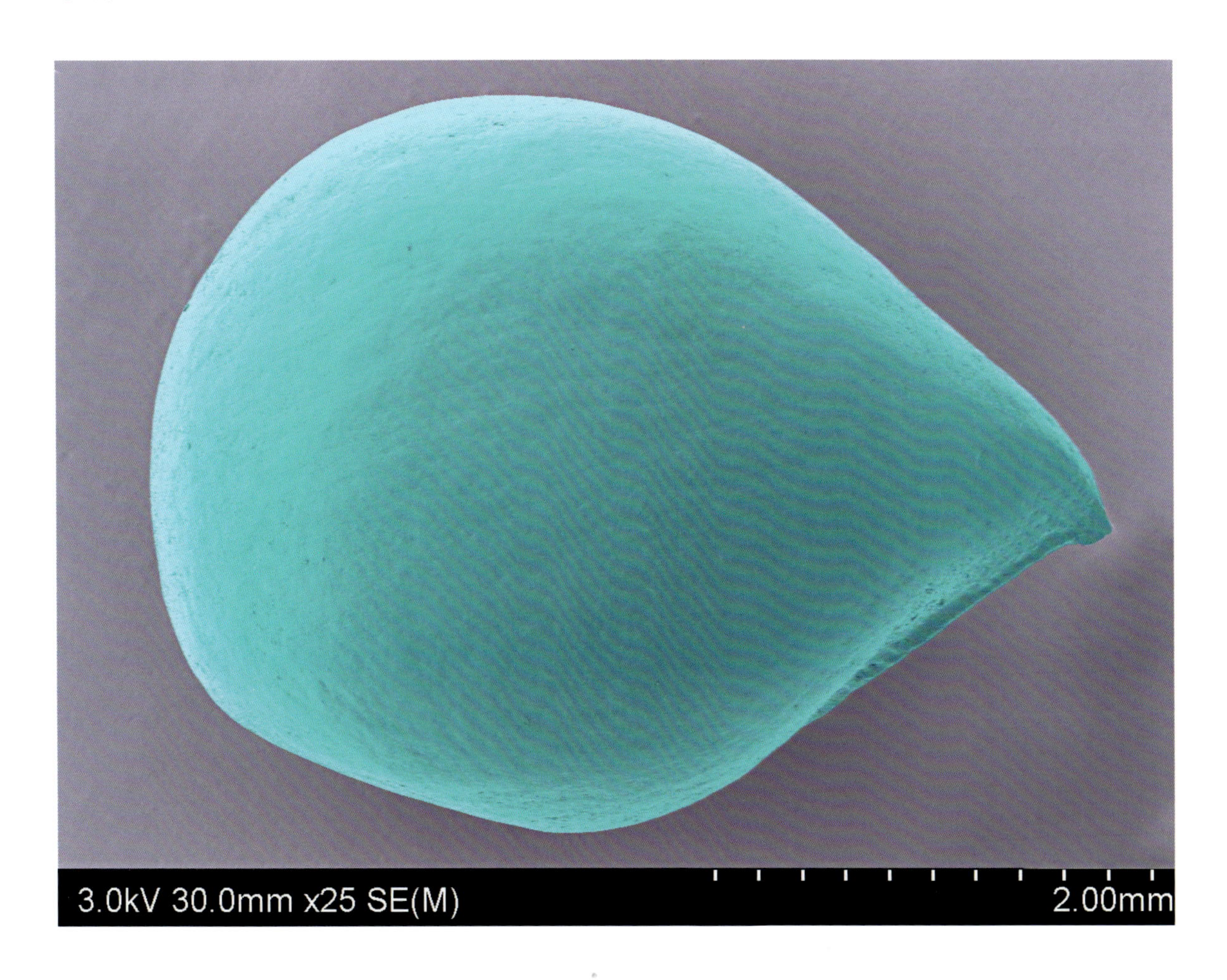

097 西伯利亚远志 *Polygala sibirica* L.

远志科 Polygalaceae
远志属 *Polygala*

蒙　　名　西比日 - 吉如很 - 其其格。

别　　名　卵叶远志。

种子形态　种子呈不规则肾形，表面覆盖稀疏的毛状结构，一端带有卷曲的附属物，整体形状复杂且不对称；大小为 2.79（2.78～2.80）mm × 1.88（1.87～1.89）mm。

种子功效　种子具有祛痰、安神益智、消痈肿等药用功效，可用于治疗咳嗽痰多、失眠多梦、健忘、心悸、痈疽疮毒等病症。

花　　期　4～7 月。

果　　期　5～8 月。

生　　境　生长于海拔 1100～3300m 的沙质土、石砾和石灰岩山地灌丛、林缘或草地。

采 集 地　采自鄂尔多斯市杭锦旗等地。

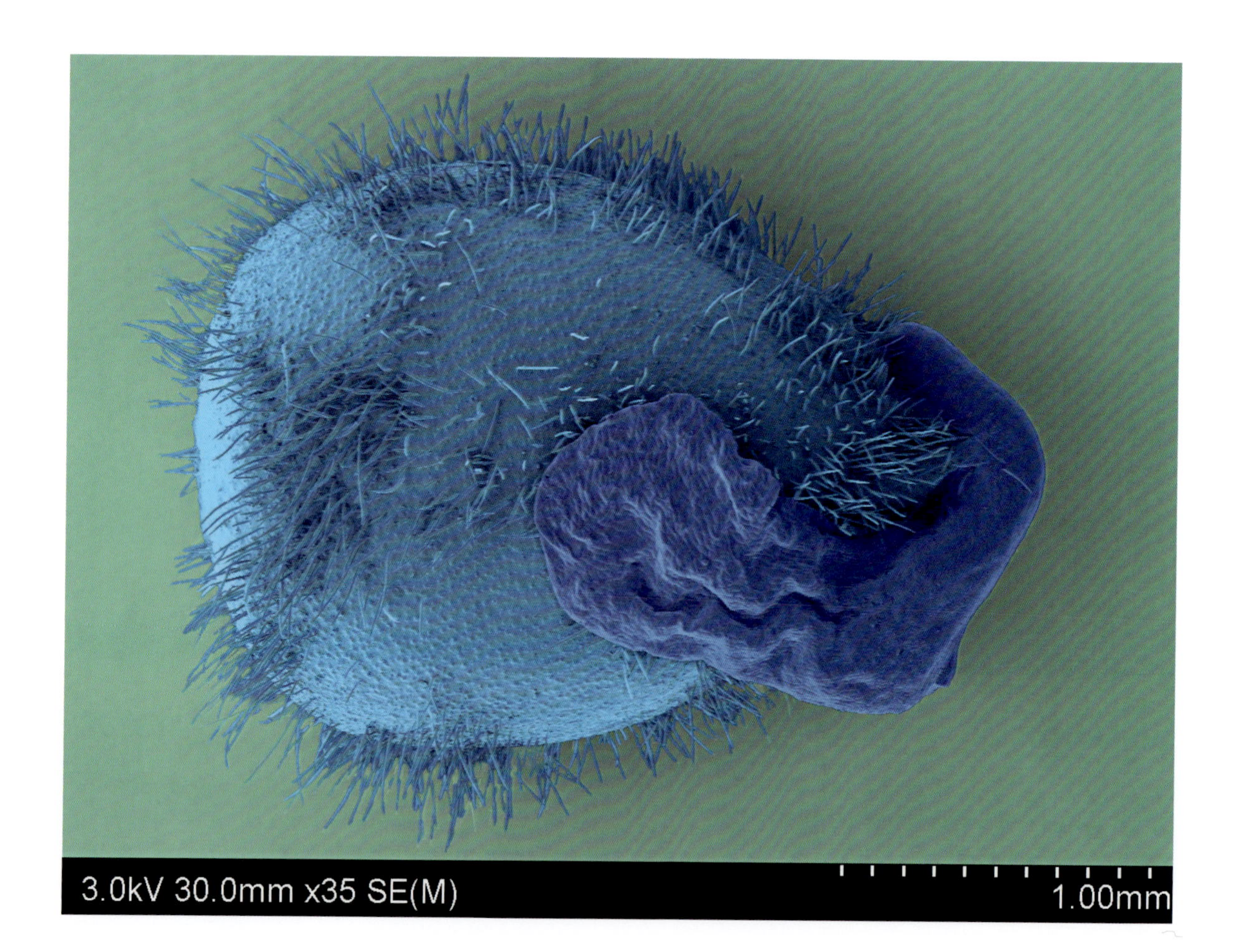

098 火炬树
Rhus typhina L.

漆树科 Anacardiaceae
盐麸木属 *Rhus*

蒙　　名　莫果木德。

别　　名　鹿角漆。

种子形态　种子呈近似椭圆形，表面有明显的裂纹纹理，边缘带有弯曲的附属物，底部附着不规则的残留结构，整体形状较为对称；大小为 3.34（3.33～3.35）mm × 2.99（2.98～3.00）mm。

种子功效　种子含油蜡，可制肥皂和蜡烛。

花　　期　6～7 月。

果　　期　9～10 月。

生　　境　喜光、耐寒、耐干旱瘠薄，生长于海拔 200～2300m 的酸性、中性和石灰性土壤。

采 集 地　采自呼和浩特市大青山等地。

099 白杜
Euonymus maackii Rupr.

卫矛科 Celastraceae
卫矛属 *Euonymus*

蒙　　名 额莫根 - 查干。

别　　名 丝绵木。

种子形态 种子呈近似圆形，表面粗糙且布满不规则的凹陷纹理，边缘有环状凸起结构，整体形状较对称；大小为 3.42（3.41～3.43）mm × 3.25（3.24～3.26）mm。

种子功效 种子具有祛风湿、活血、止血等药用功效，可用于治疗风湿性关节炎、腰痛、跌打损伤、月经不调等病症。

花　　期 5～6 月。

果　　期 8～10 月。

生　　境 适宜栽植在肥沃、湿润的海拔为 600～3200m 的土壤。

采 集 地 采自通辽市开鲁县等地。

100 南蛇藤
Celastrus orbiculatus Thunb.

卫矛科 Celastraceae
南蛇藤属 *Celastrus*

蒙　　名　毛盖 - 奥日阳古。

别　　名　过山枫。

种子形态　种子呈弯曲的长椭圆形，表面具有明显的网状纹理，整体形状弧形不对称；大小为 4.24（4.23～4.25）mm × 1.66（1.65～1.67）mm。

种子功效　种子具有镇静安神、活血止痛、解毒消肿等功效。可用于治疗失眠多梦、心悸易惊、跌打损伤、痈疽肿毒、毒蛇咬伤等病症。

花 果 期　6～9 月。

生　　境　生长于海拔 450～2200m 山坡灌丛。

采 集 地　采自通辽市科尔沁左翼后旗等地。

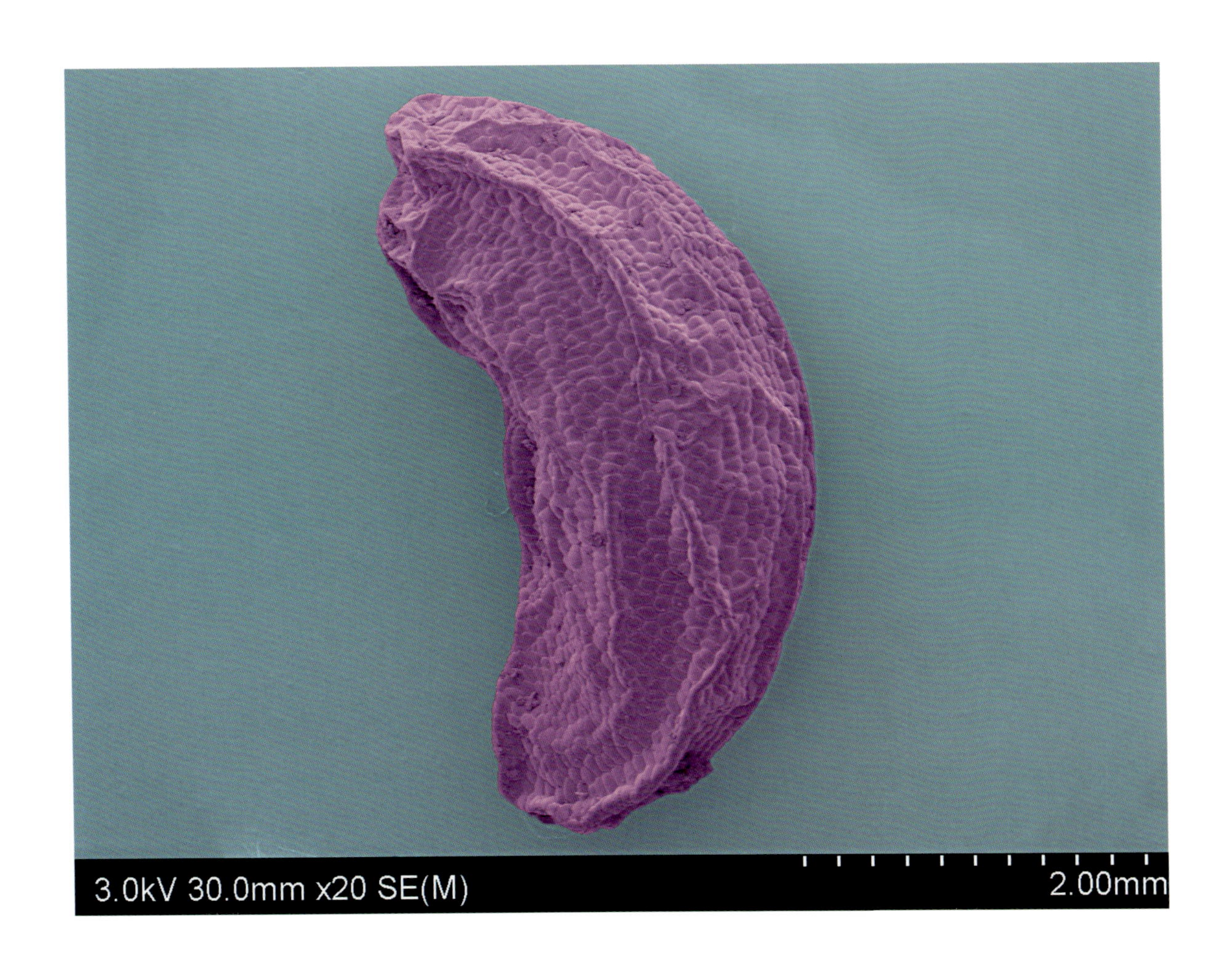

101 文冠果 *Xanthoceras sorbifolium* Bunge

无患子科 Sapindaceae
文冠果属 *Xanthoceras*

蒙　　名　甚钝 - 毛都。

别　　名　文冠树。

种子形态　种子近球形，表面光滑，略带微小凹陷，整体形状规则且对称；大小为 5.00（4.95～5.05）mm × 4.80（4.75～4.85）mm。

种子功效　种子营养价值很高，可食用。

花　　期　4～5 月。

果　　期　7～8 月。

生　　境　野生于丘陵山坡等处，各地常栽培。

采 集 地　采自包头市大青山国家级自然保护区等地。

102 酸枣 *Ziziphus jujuba* var. *spinosa* (Bunge) Hu ex H. F. Chow

鼠李科 Rhamnaceae
枣属 *Ziziphus*

蒙　　名　哲日力格 - 查巴嘎。

别　　名　山枣树。

种子形态　种子近椭圆形，表面粗糙，布满不规则的纵向褶皱和凹陷，整体形状较为饱满；大小为 5.00（4.95～5.05）mm × 4.20（4.15～4.25）mm。

种子功效　种子可作中药，能宁心安神、敛汗，主治虚烦不眠、惊悸、健忘、体虚多汗等症。

花　　期　5～6 月。

果　　期　9～10 月。

生　　境　生于 500～1300m 的向阳干燥山坡、丘陵、岗地或平原。

采 集 地　采自通辽市科尔沁区等地。

103 乌头叶蛇葡萄 *Ampelopsis aconitifolia* Bunge

葡萄科 Vitaceae
蛇葡萄属 *Ampelopsis*

蒙　　名　额布苏力格-毛盖-乌吉母。

别　　名　草白蔹。

种子形态　种子呈心形，表面较为光滑，顶部有轻微的凹陷，整体形状规则且对称；大小为2.01（2.00～2.02）mm × 1.72（1.71～1.73）mm。

种子功效　种子部分的药用记载极少，可能具有清热解毒、散结消肿等功效。

花　　期　6～7月。

果　　期　8～10月。

生　　境　生于海拔200～1400m草原带的石质山地和丘陵沟谷灌丛中。

采 集 地　采自赤峰市敖汉旗等地。

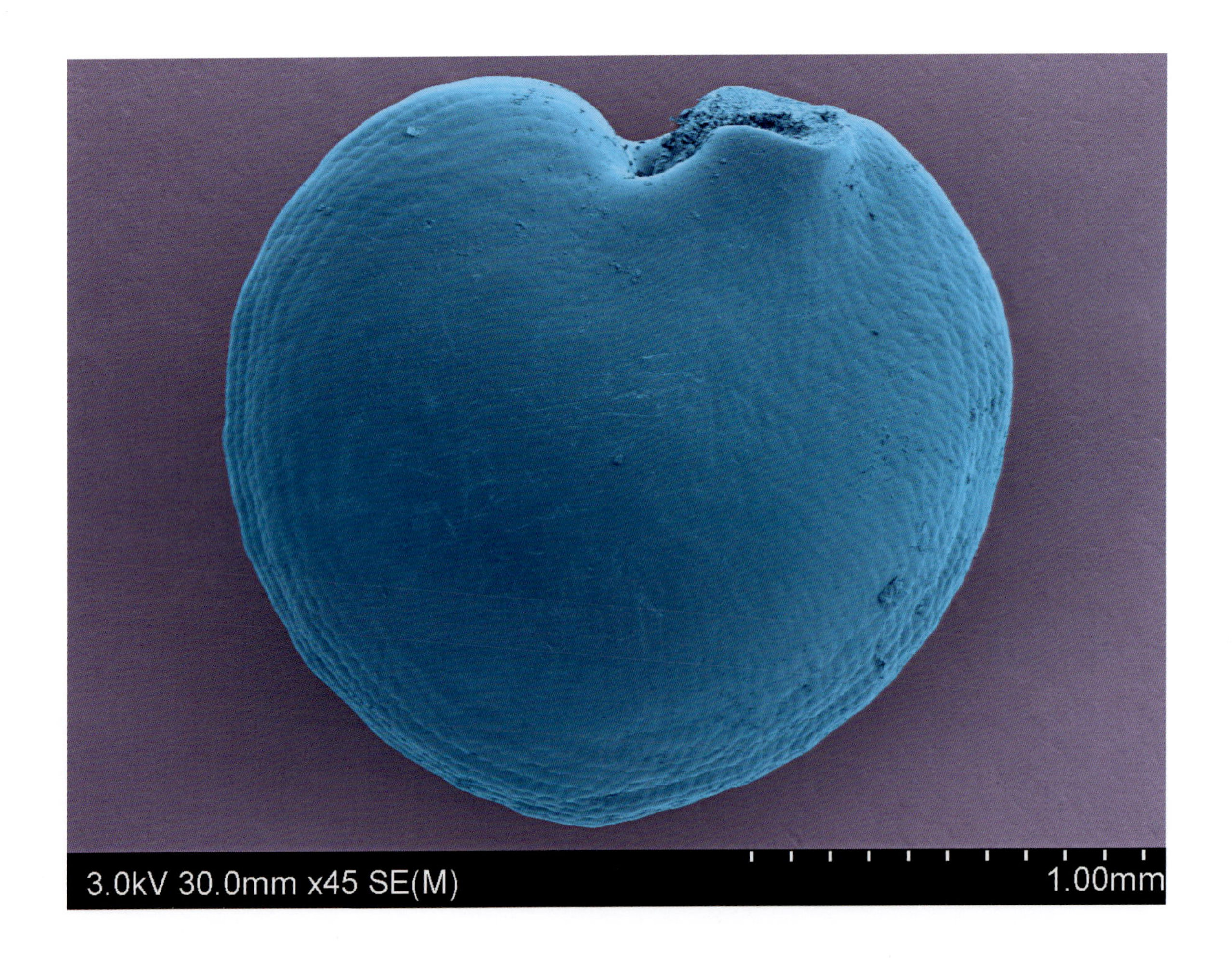

104 野西瓜苗 *Hibiscus trionum* L.

锦葵科 Malvaceae
木槿属 *Hibiscus*

蒙　　名　塔古 - 诺高。

别　　名　火炮草。

种子形态　种子呈心形，表面粗糙，布满颗粒状凸起，边缘不规则，底部带有开口结构；大小为 2.10（2.09～2.11）mm × 1.89（1.88～1.90）mm。

种子功效　种子可入药，能润肺止咳、补肾，主治肺结核咳嗽、肾虚头晕、耳鸣耳聋。

花　　期　6～9 月。

果　　期　7～10 月。

生　　境　中生杂草。生于田野、路旁、村边、山谷等处。

采 集 地　采自巴彦淖尔市乌拉特前旗等地。

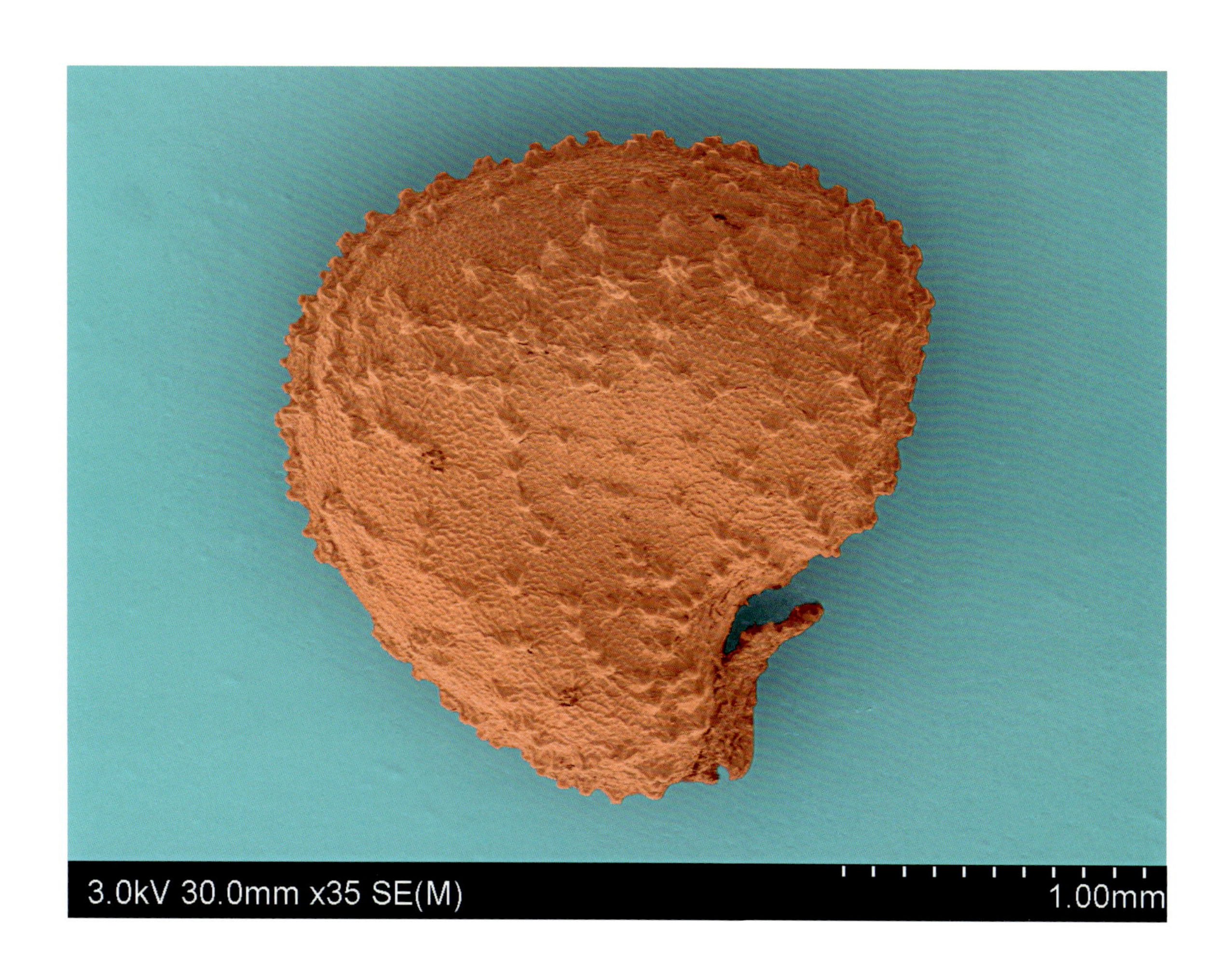

105 红砂

Reaumuria songarica (Pall.) Maxim.

怪柳科 Tamaricaceae
红砂属 *Reaumuria*

蒙　　名　乌兰 - 宝都日嘎纳。

别　　名　琵琶柴。

种子形态　种子长圆形，先端渐尖，基部变狭，全部被黑褐色毛；大小为 1.93（1.76～2.25）mm × 1.55（1.34～2.77）mm。

种子功效　种子可入药，具有祛湿止痒等功效，可用于治疗湿疹、皮肤瘙痒等病症。

花　　期　7～8 月。

果　　期　8～9 月。

生　　境　超旱生小灌木。广泛生于荒漠带和荒漠草原地带。

采 集 地　采自鄂尔多斯市鄂托克旗阿尔寨石窟等地。

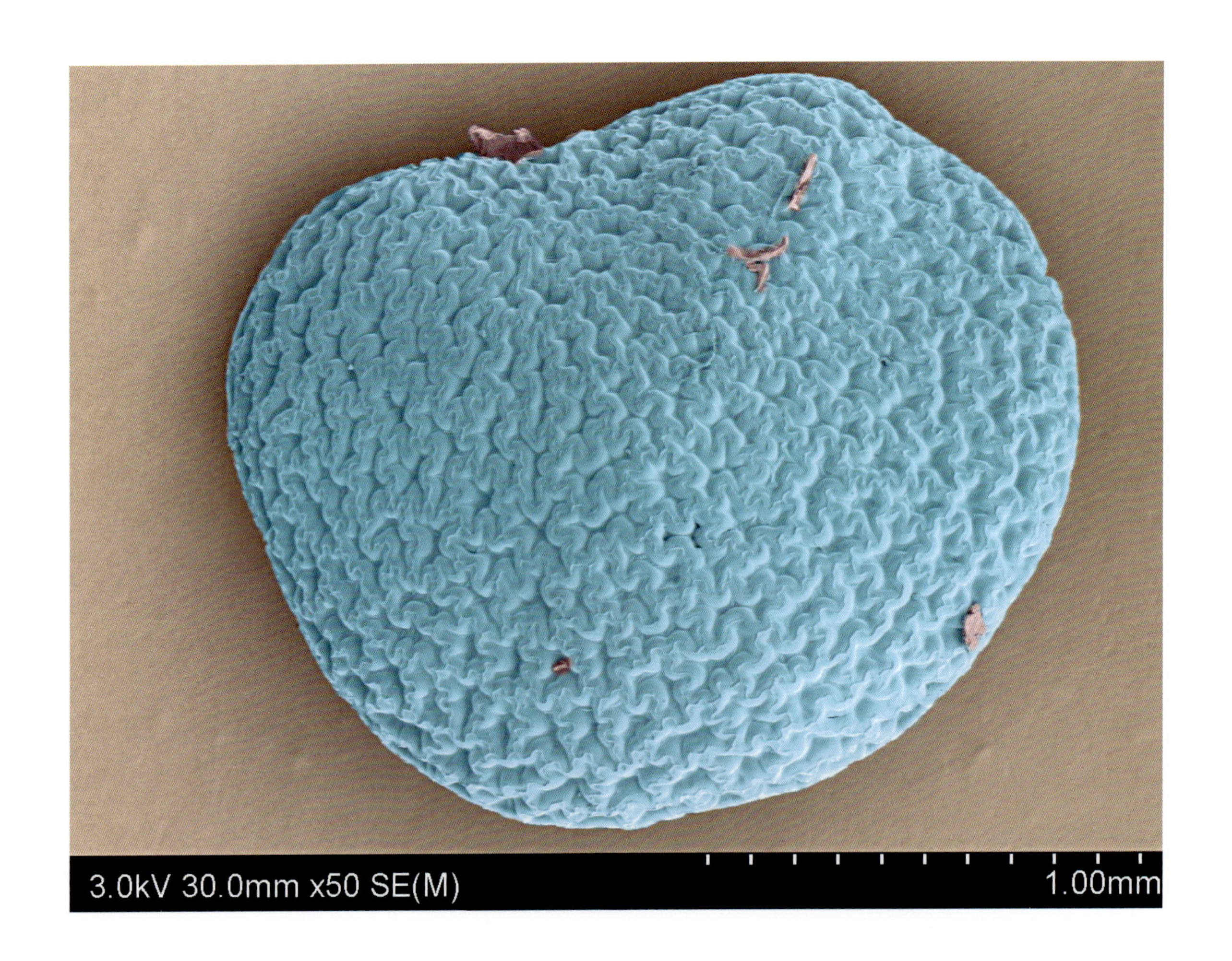

106 柽柳 *Tamarix chinensis* Lour.

柽柳科 Tamaricaceae
柽柳属 *Tamarix*

蒙　　名 苏海。
别　　名 中国柽柳。
种子形态 种子呈花朵状；大小为 2.05（1.96～2.25）mm × 1.07（0.89～1.31）mm。
种子功效 种子具有散风、解毒、透疹等功效，可用于治疗麻疹不透、风湿痹痛等病症。
花 果 期 5～9 月。
生　　境 轻度耐盐中生灌木。生于草原带的湿润碱地、河岸冲积地、丘陵沟谷湿地、沙地。
采 集 地 采自鄂尔多斯市鄂托克旗等地。

107 半日花 *Helianthemum songaricum* Schrenk ex Fisch. & C. A. Mey.

半日花科 Cistaceae
半日花属 *Helianthemum*

蒙　　名 好日敦 - 哈日。

种子形态 种子卵圆形，褐棕色，有棱角，具网纹，有时皱缩；大小为 2.44（2.04～2.69）mm × 1.84（1.64～2.07）mm。

种子功效 种子可能具有抗菌、抗炎等潜在药用价值。

花 果 期 7～9 月。

生　　境 超旱生灌木。生于草原化荒漠区的石质和砾质山坡。

采 集 地 采自乌海市西鄂尔多斯国家级自然保护区等地。

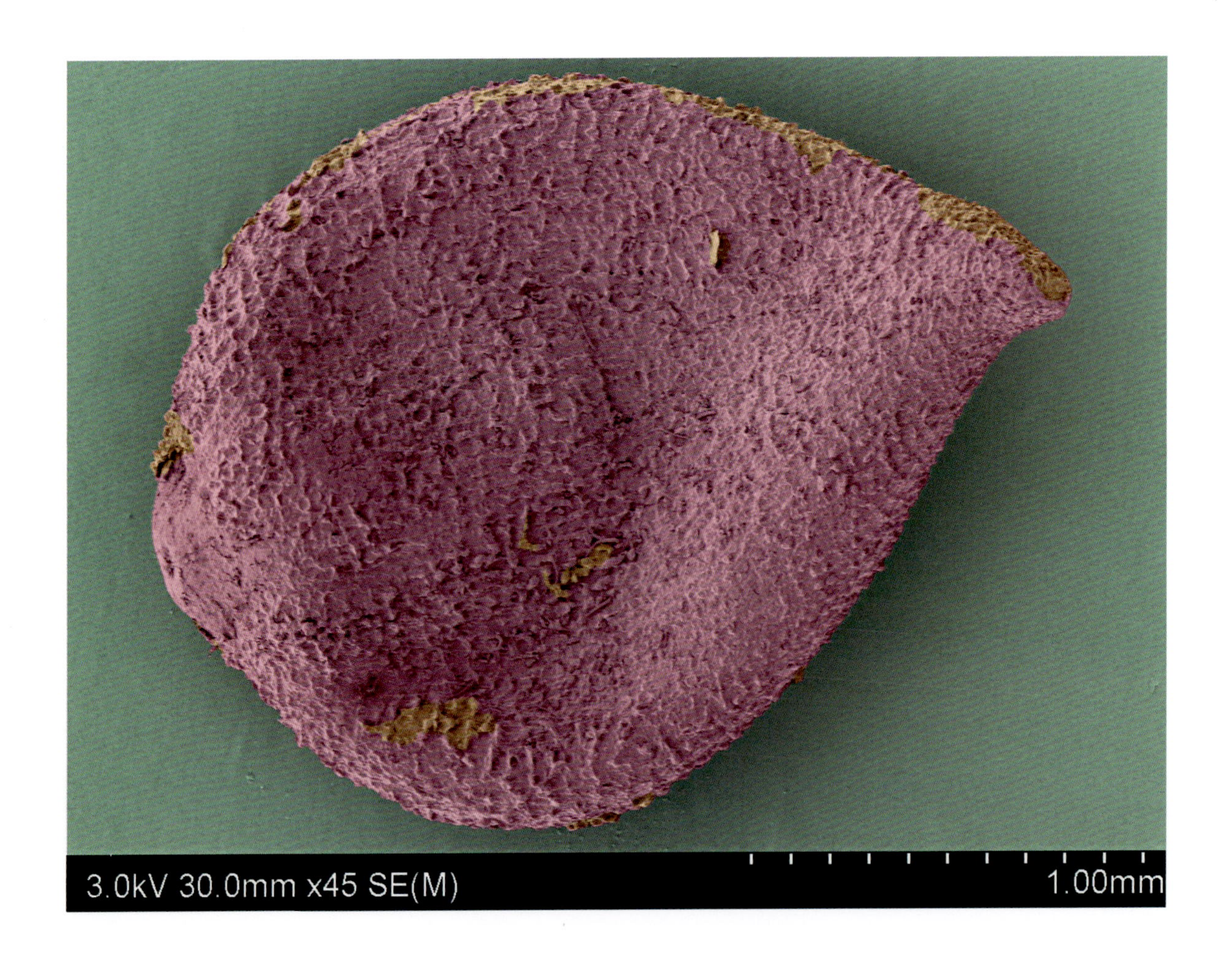

108 紫花地丁
Viola philippica Cav.

堇菜科 Violaceae
堇菜属 *Viola*

蒙　　名　宝日 - 尼勒 - 其其格。

别　　名　辽堇菜。

种子形态　种子肾状球形，黑色，有光泽；大小为 1.97（1.73～2.05）mm × 1.95（1.81～2.07）mm。

种子功效　种子可入药，能清热解毒、凉血消肿。

花 果 期　5～9 月。

生　　境　生于田间、荒地、山坡草丛、林缘或灌丛中。

采 集 地　采自赤峰市宁城县等地。

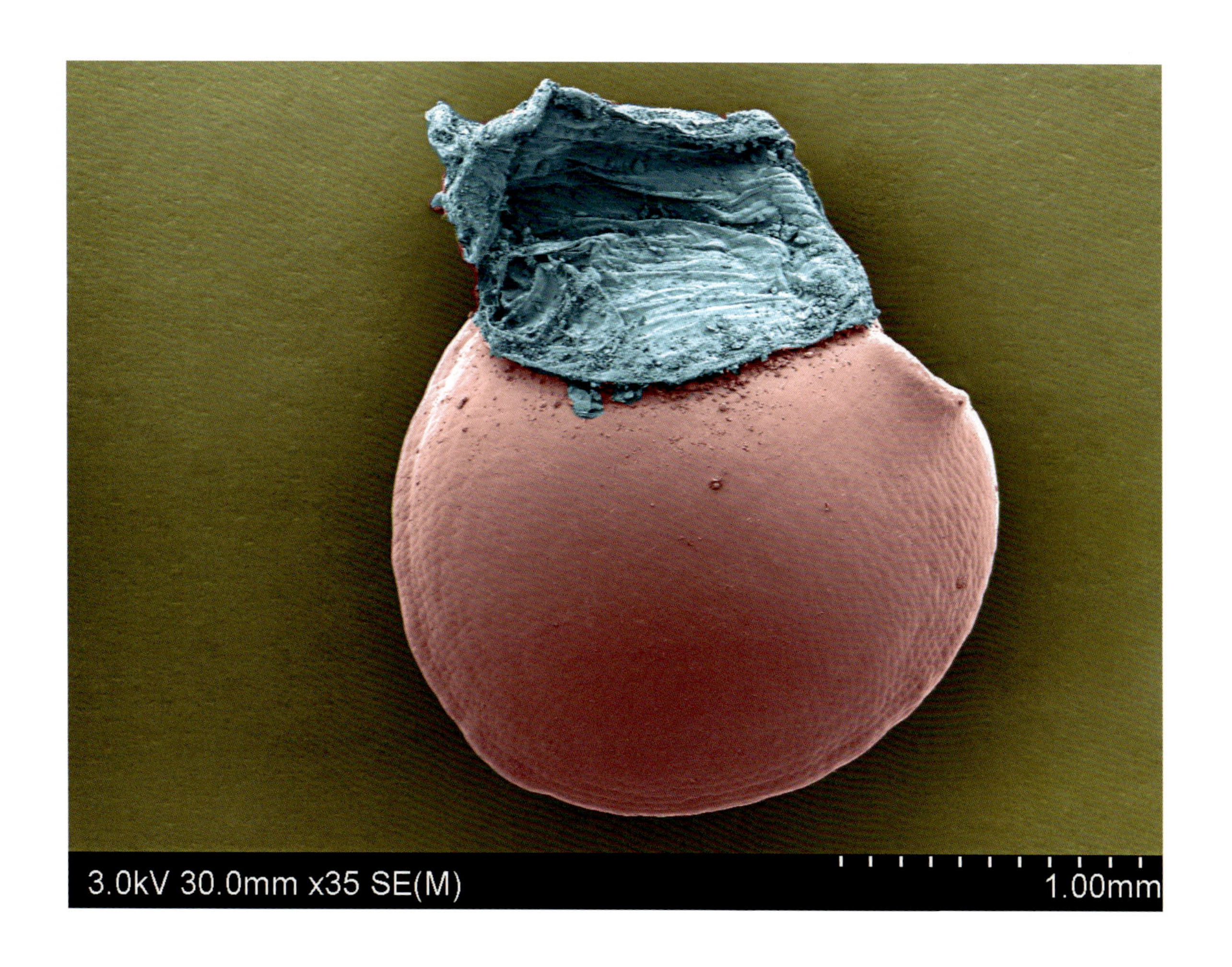

109 中国沙棘
Hippophae rhamnoides subsp. *sinensis* Rousi

胡颓子科 Elaeagnaceae
沙棘属 *Hippophae*

蒙　　名　其查日嘎纳。

别　　名　醋柳。

种子形态　种子呈纺锤形，表面粗糙且布满不规则的褶皱和凸起，末端略尖，整体形状不对称；大小为 4.28（4.25～4.31）mm × 2.12（2.10～2.14）mm。

种子功效　可入蒙药，能祛痰止咳、活血散瘀、消食化滞。

花　　期　5 月。

果　　期　9～10 月。

生　　境　旱中生灌木或乔木。生于温暖的落叶阔叶林带和森林草原带的山地沟谷、山坡、沙丘间低湿地。

采 集 地　采自兴安盟科尔沁沙地等地。

110 千屈菜

Lythrum salicaria L.

千屈菜科 Lythraceae
千屈菜属 *Lythrum*

蒙　　名　西如音 - 其其格。

别　　名　水柳。

种子形态　种子呈狭长椭圆形，表面具规则的网格状纹理，末端略尖，整体形状纤细；大小为 932（930～934）μm × 384（382～386）μm。

种子功效　可入药，能清热解毒、凉血止血。

花　　期　8 月。

果　　期　9 月。

生　　境　湿生草本。生于河岸、湖畔、溪沟边和潮湿草地。

采 集 地　采自通辽市奈曼旗等地。

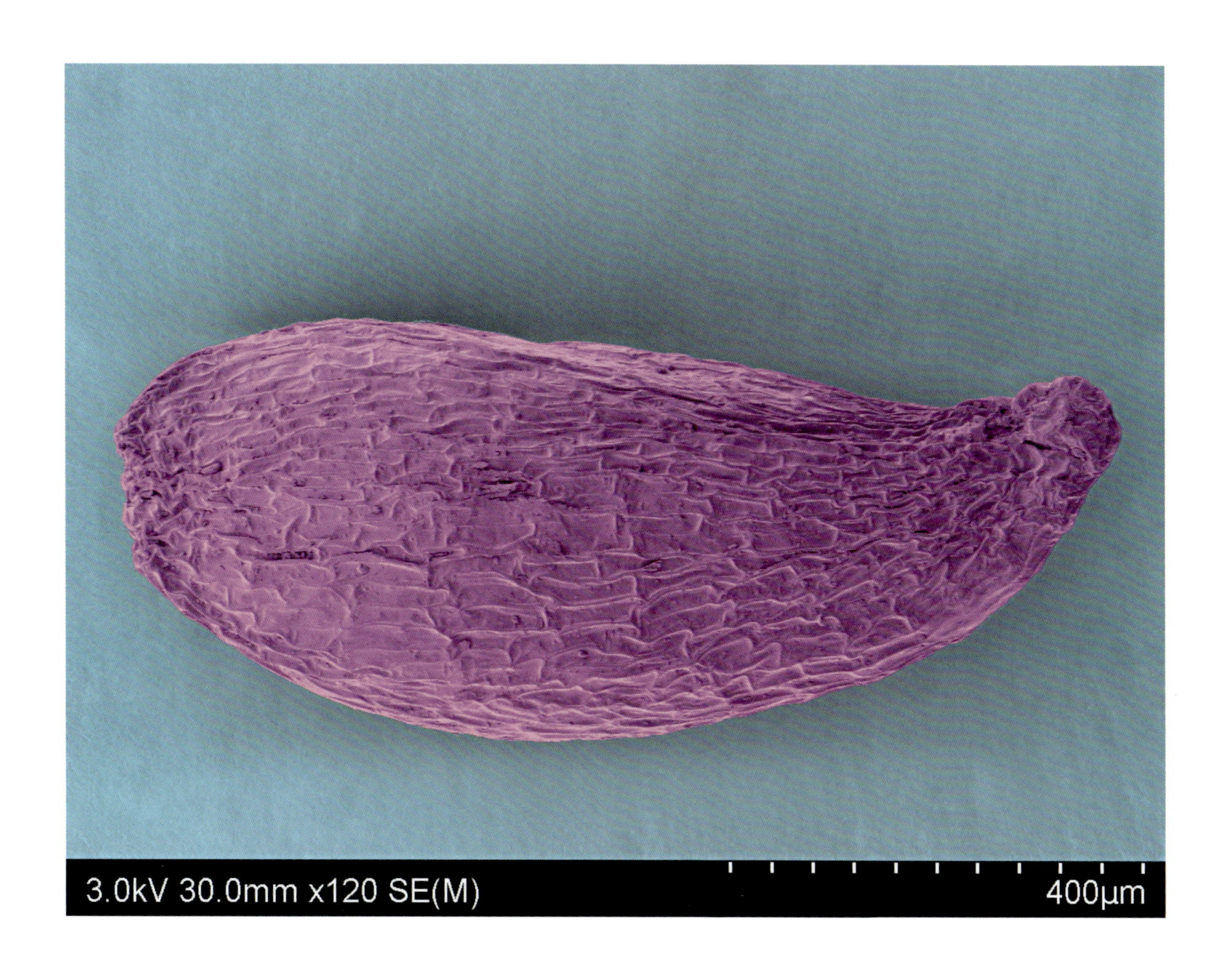

111 柳兰 *Chamerion angustifolium* (L.) Holub

柳叶菜科 Onagraceae
柳兰属 *Chamerion*

蒙　　名　呼崩 - 奥日耐特。

别　　名　柳叶菜。

种子形态　种子呈长椭圆形，表面粗糙且带有不规则的纵向褶皱，末端略尖，整体形状细长；大小为 1.01（1.00～1.02）mm × 384（382～386）μm。

种子功效　种子具有调经活血、消肿止痛等功效，可用于治疗月经不调、骨折、关节扭伤等病症。

花　　期　7～8 月。

果　　期　8～9 月。

生　　境　中生草本。生于森林带和草原带的山地林缘、森林采伐迹地、丘陵阴坡。

采 集 地　采自通辽市科尔沁区等地。

112 | 月见草 *Oenothera biennis* L.

柳叶菜科 Onagraceae
月见草属 *Oenothera*

蒙　　名　松给鲁麻 - 其其格。

别　　名　夜来香。

种子形态　种子呈不规则三角形，表面粗糙，边缘略显起伏且有不规则凸起；大小为 1.64（1.63～1.65）mm × 958（956～960）μm。

种子功效　种子可榨油。

花 果 期　7～9 月。

生　　境　中生草本。逸生于田野、沟谷路边。

采 集 地　采自通辽市科尔沁左翼后旗等地。

113 刺五加 *Eleutherococcus senticosus* (Rupr. & Maxim.) Maxim.

五加科 Araliaceae
五加属 *Eleutherococcus*

蒙　　名　乌日格斯图 - 塔布拉干纳。
别　　名　刺拐棒。
种子形态　种子呈长锥形，表面粗糙且带有不规则的纵向纹理，顶端较尖，底部略宽，整体形状不对称；大小为 8.45（8.44～8.46）mm × 4.45（4.44～4.46）mm。
种子功效　种子可榨工业用油。
花　　期　6～7 月。
果　　期　8～9 月。
生　　境　中生灌木。喜生于湿润或较肥沃的山坡，散生或丛生于针阔混交林或杂木林内。
采 集 地　采自赤峰市林西县等地。

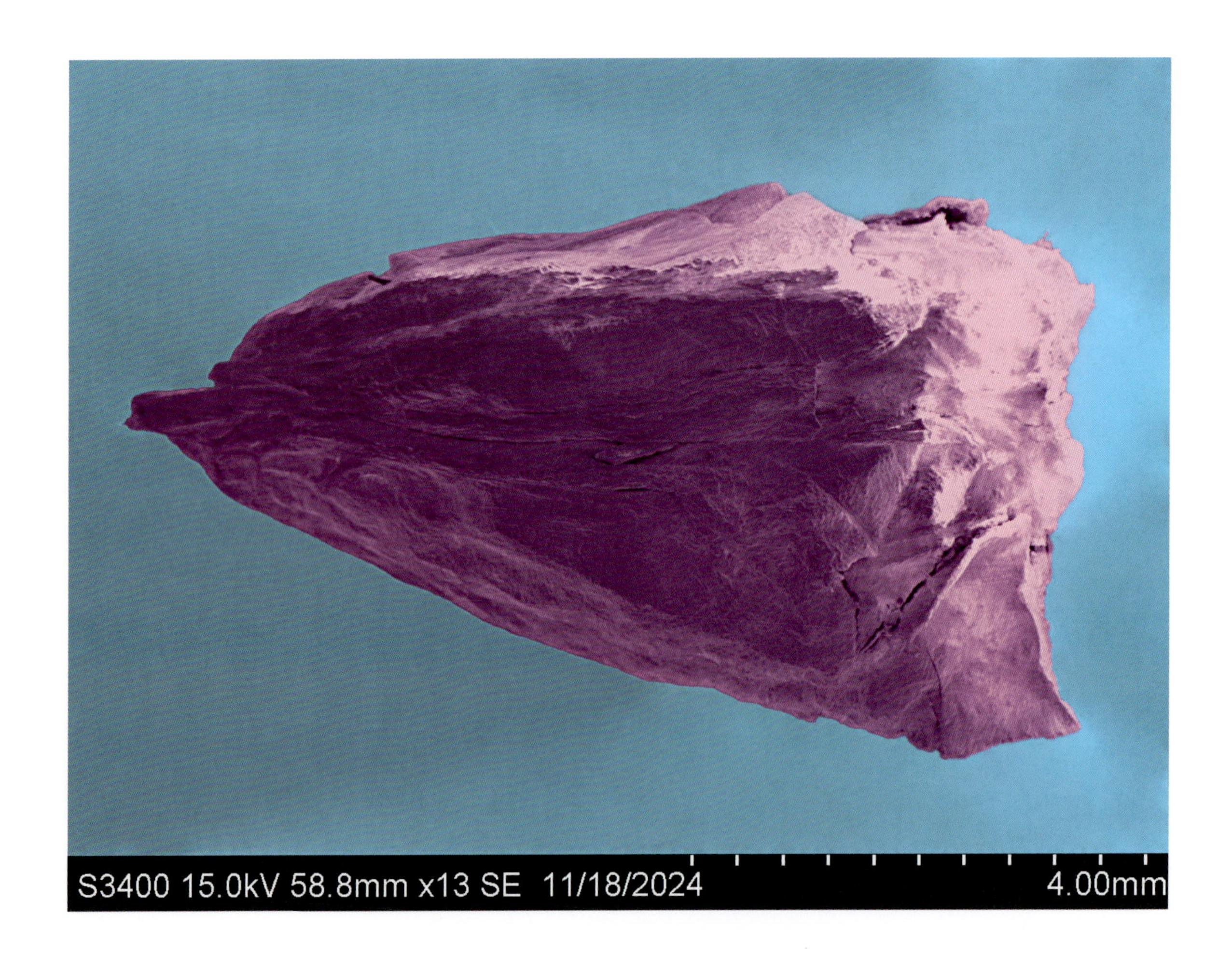

114 人参

Panax ginseng C. A. Mey.

五加科 Araliaceae
人参属 *Panax*

蒙　　名　奥尔胡达。

别　　名　棒槌。

种子形态　种子近球形，表面粗糙且带有不规则的凸起，整体形状略显不对称；大小为 4.19（4.18～4.20）mm × 3.73（3.72～3.74）mm。

种子功效　种子具有一定滋补和延年益寿的作用，能补气强身。

花　　期　5～6 月。

果　　期　6～9 月。

生　　境　一般生于海拔数百米的落叶阔叶林或针阔混交林下。

采 集 地　采自赤峰市赛罕乌拉自然保护区等地。

115 防风
Saposhnikovia divaricata (Turcz.) Schischk.

伞形科 Apiaceae
防风属 *Saposhnikovia*

蒙　　名 疏古日根。

别　　名 关防风。

种子形态 种子呈扁椭圆形，表面粗糙并带有不规则的褶皱和凹陷，边缘略显不规则，整体形状稍扁平；大小为 3.00（2.95～3.05）mm × 2.20（2.15～2.25）mm。

种子功效 具有祛风解表、除湿止痛、止痉等功效。

花　　期 8～9 月。

果　　期 9～10 月。

生　　境 旱生草本。生于森林带和草原带的高平原、丘陵坡地、固定沙丘，常为草原植被的伴生种。

采 集 地 采自通辽市开鲁县等地。

116 蛇床
Cnidium monnieri (L.) Spreng.

伞形科 Apiaceae
蛇床属 *Cnidium*

蒙　　名　哈拉嘎拆。
别　　名　山胡萝卜。
种子形态　种子呈双悬果宽椭圆形；大小为 2.39（2.01～2.55）mm × 1.52（1.24～1.77）mm。
种子功效　种子可入药，能祛风、燥湿、杀虫、止痒、补肾。
花　　期　6～7 月。
果　　期　7～8 月。
生　　境　中生草本。生于森林带和草原带的河边或湖边草甸、田边。
采 集 地　采自呼伦贝尔市陈巴尔虎旗等地。

117 短毛独活 *Heracleum moellendorffii* Hance

伞形科 Apiaceae
独活属 *Heracleum*

蒙　　名　巴勒其日嘎那。

别　　名　老桑芹。

种子形态　种子呈长条形，表面粗糙并带有多条纵向裂纹或棱线，整体结构不规则；大小为5.75（5.74～5.76）mm × 3.04（3.03～3.05）mm。

种子功效　种子具有祛风散寒、祛湿止痛等药用功效。

花　　期　7月。

果　　期　8～10月。

生　　境　中生草本。生于森林带和森林草原带的林下、林缘、溪边。

采 集 地　采自呼伦贝尔市根河市等地。

118 华北前胡 *Peucedanum harry-smithii* Fedde ex H. Wolff

伞形科 Apiaceae
疆前胡属 *Peucedanum*

蒙　　名　乌斯图 - 哈丹 - 疏古日根。
别　　名　毛白花前胡。
种子形态　种子呈扁平的椭圆形；大小为 4.39（4.01～4.58）mm × 3.25（3.01～3.57）mm。
种子功效　种子具有降气化痰、散风清热等功效。
花　　期　8～9 月。
果　　期　9～10 月。
生　　境　中生草本。生于草原带的山地林缘、山沟溪边。
采 集 地　采自巴彦淖尔市乌拉特后旗等地。

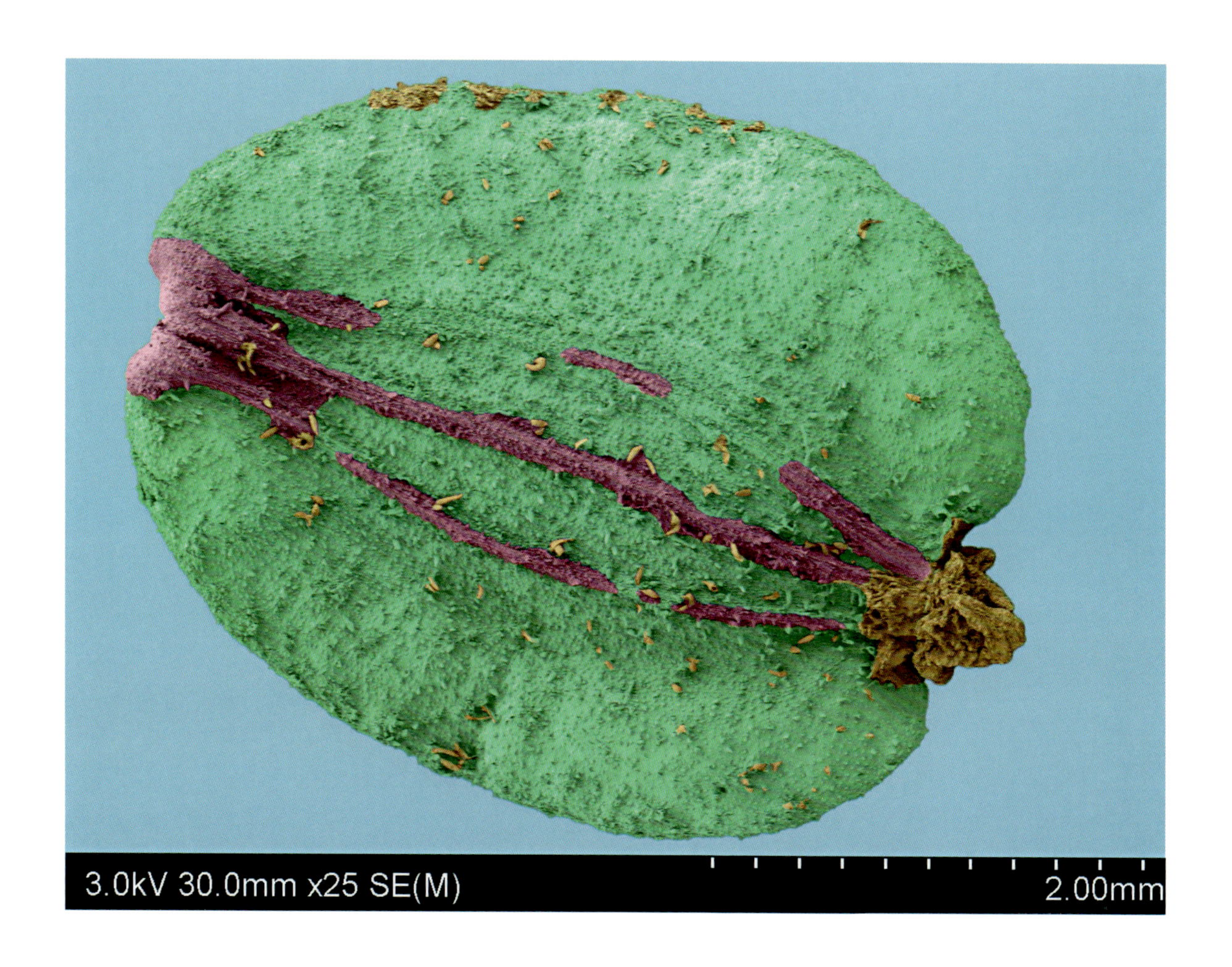

119 当归 *Angelica sinensis* (Oliv.) Diels

伞形科 Apiaceae
当归属 *Angelica*

蒙　　名 当滚。

别　　名 秦归。

种子形态 种子呈扁平的多边形，表面粗糙，带有明显的纵向棱线和裂纹，整体形状不规则；大小为 4.93（4.92～4.94）mm × 4.15（4.14～4.16）mm。

种子功效 种子具有补血活血、调经止痛、润肠通便等功效。

花　　期 6～7 月。

果　　期 8～9 月。

生　　境 中生草本。为横断山脉分布种。

采 集 地 采自赤峰市敖汉旗等地。

120 白芷
Angelica dahurica (Fisch. ex Hoffm.) Benth. & Hook. f. ex Franch. & Sav.

伞形科 Apiaceae
当归属 *Angelica*

蒙　　名　朝古日高那。

别　　名　兴安白芷。

种子形态　种子呈椭圆形，表面粗糙，有明显的纵向褶皱和裂纹，边缘略显不规则；大小为 5.48（5.47～5.49）mm × 4.41（4.40～4.42）mm。

种子功效　种子具有祛风湿、活血排脓、生肌止痛等功效。

花　　期　7～8 月。

果　　期　8～9 月。

生　　境　中生草本。散生于森林带和落叶阔叶林的山沟溪旁灌丛下、林缘草甸。

采 集 地　采自呼伦贝尔市新巴尔虎右旗等地。

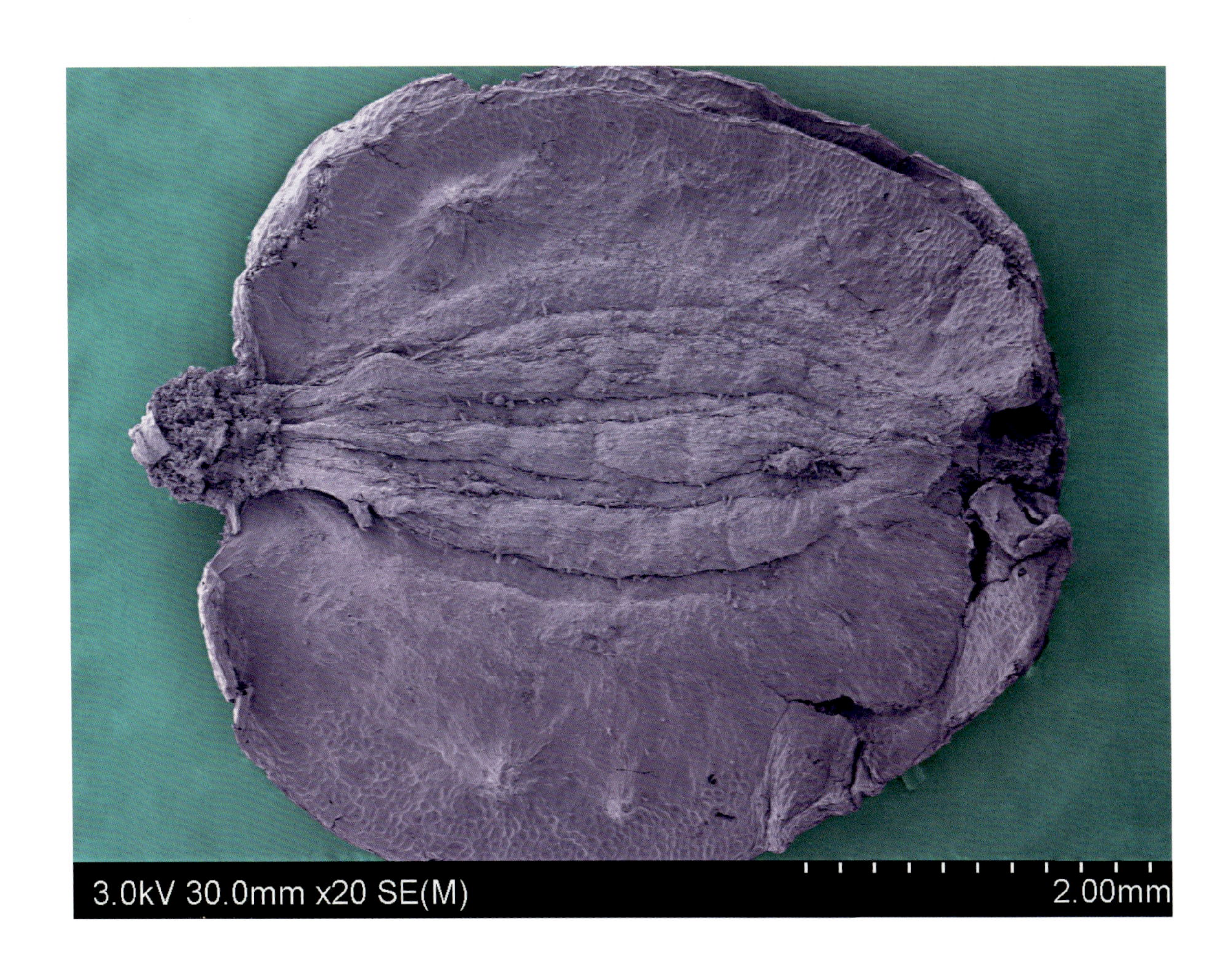

121 内蒙西风芹

Seseli intramongolicum Ma

伞形科 Apiaceae
西风芹属 *Seseli*

蒙　　名　蒙古勒 - 乌没黑 - 朝古日。

别　　名　内蒙古邪蒿。

种子形态　种子呈长椭圆形，整体形状较细长，表面粗糙，带有不规则的纹理；大小为 2.00（1.95～2.05）mm × 800（750～850）μm。

种子功效　种子具有一定的疏风解表、除湿止痛等潜在功效。

花　　期　7～8 月。

果　　期　8～9 月。

生　　境　石旱生草本。生于荒漠草原带和荒漠带的干燥石质山坡。

采 集 地　采自包头市固阳县等地。

122 细枝补血草
Limonium tenellum (Turcz.) Kuntze

白花丹科 Plumbaginaceae
补血草属 *Limonium*

蒙　　名 那林 - 义拉干 - 其其格。

别　　名 纤叶匙叶草。

种子形态 种子圆柱形，黄棕色；大小为 1.01（0.83～1.32）mm × 296（256～313）μm。

种子功效 种子具有清热、利湿、止血、解毒等功效。

花　　期 7 月。

果　　期 8～9 月。

生　　境 中生旱生耐盐碱植物。通常生于盐渍化的荒地和盐土上，低洼处亦常见。

采 集 地 采自乌海市海勃湾区等地。

123 黄花补血草 *Limonium aureum* (L.) Hill

白花丹科 Plumbaginaceae
补血草属 *Limonium*

蒙　　名　希日 - 义拉干 - 其其格。

别　　名　黄花矶松。

种子形态　种子呈心形，表面粗糙，顶部延伸出多片不规则的火苗状附属物，整体形状独特且不规则；大小为 5.00（4.95～5.05）mm × 3.80（3.75～3.82）mm。

种子功效　种子具有止血散瘀、调经活血、清热祛湿等功效，可用于治疗子宫功能性出血、尿血、鼻出血等各种出血症状，以及用于治疗月经不调、赤白带下等妇科疾病，外用可治疗疮疖肿毒等。

花　　期　6～7 月。

果　　期　7～8 月。

生　　境　耐盐旱生草本。散生于草原带和荒漠草原带的盐化低地上，适应于轻度盐化的土壤及砂砾质、砂质土壤。

采 集 地　采自乌海市海勃湾区等地。

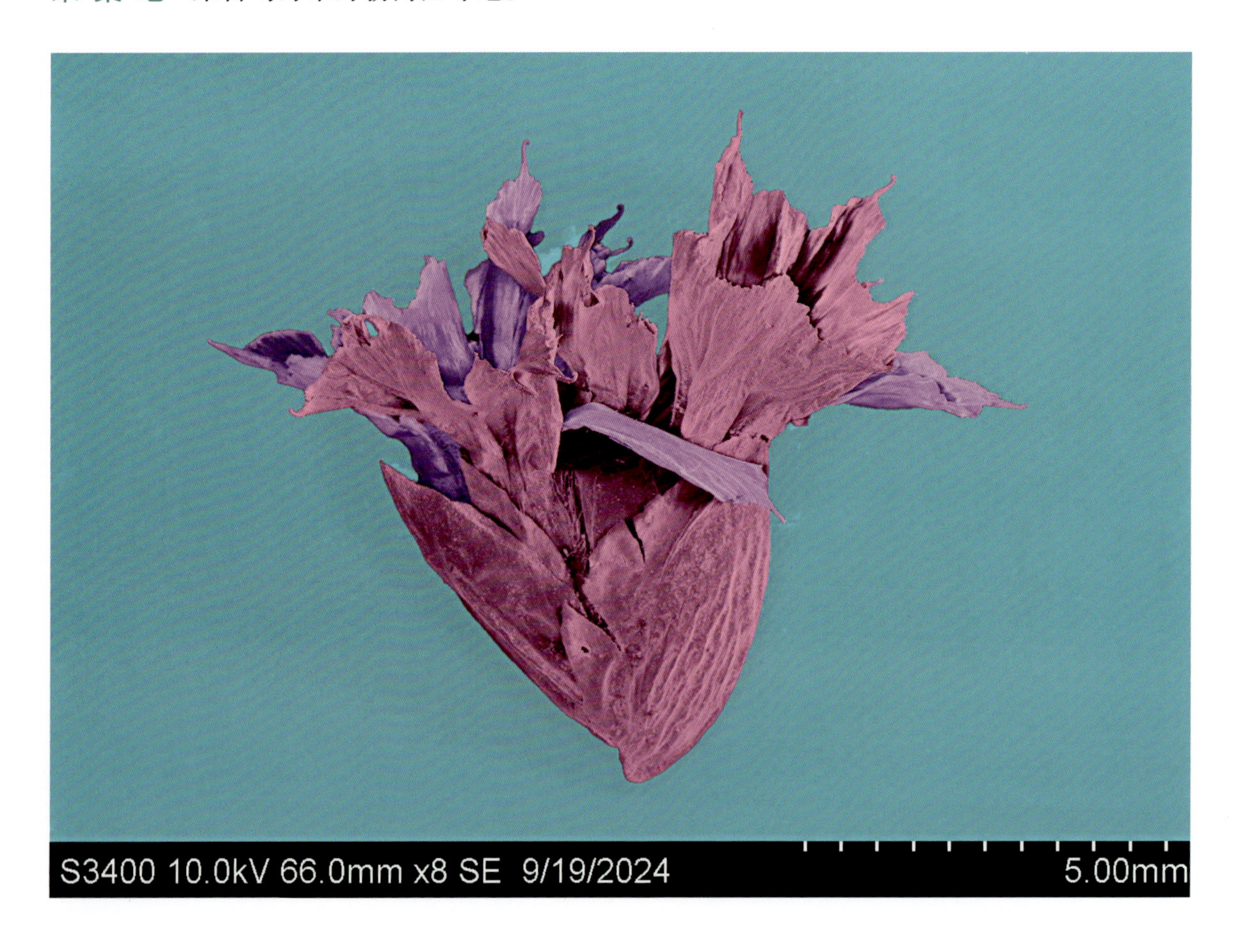

124 | 水曲柳 *Fraxinus mandshurica* Rupr.

木樨科 Oleaceae
梣属 *Fraxinus*

蒙　　名　乌存 - 摸和特。
别　　名　东北梣。
种子形态　翅果大而扁，长圆形至倒卵状披针形，中部最宽，先端钝圆、截形或微凹，翅下延至坚果基部，明显扭曲，脉棱凸起；大小为 2.43（2.40～2.45）mm × 1.53（1.50～1.55）mm。
种子功效　种子在理气止痛等方面有一定潜在功效。
花　　期　5～6 月。
果　　期　9 月。
生　　境　中生乔木。生于海拔不高的沟谷和坡地。
采 集 地　采自赤峰市敖汉旗等地。

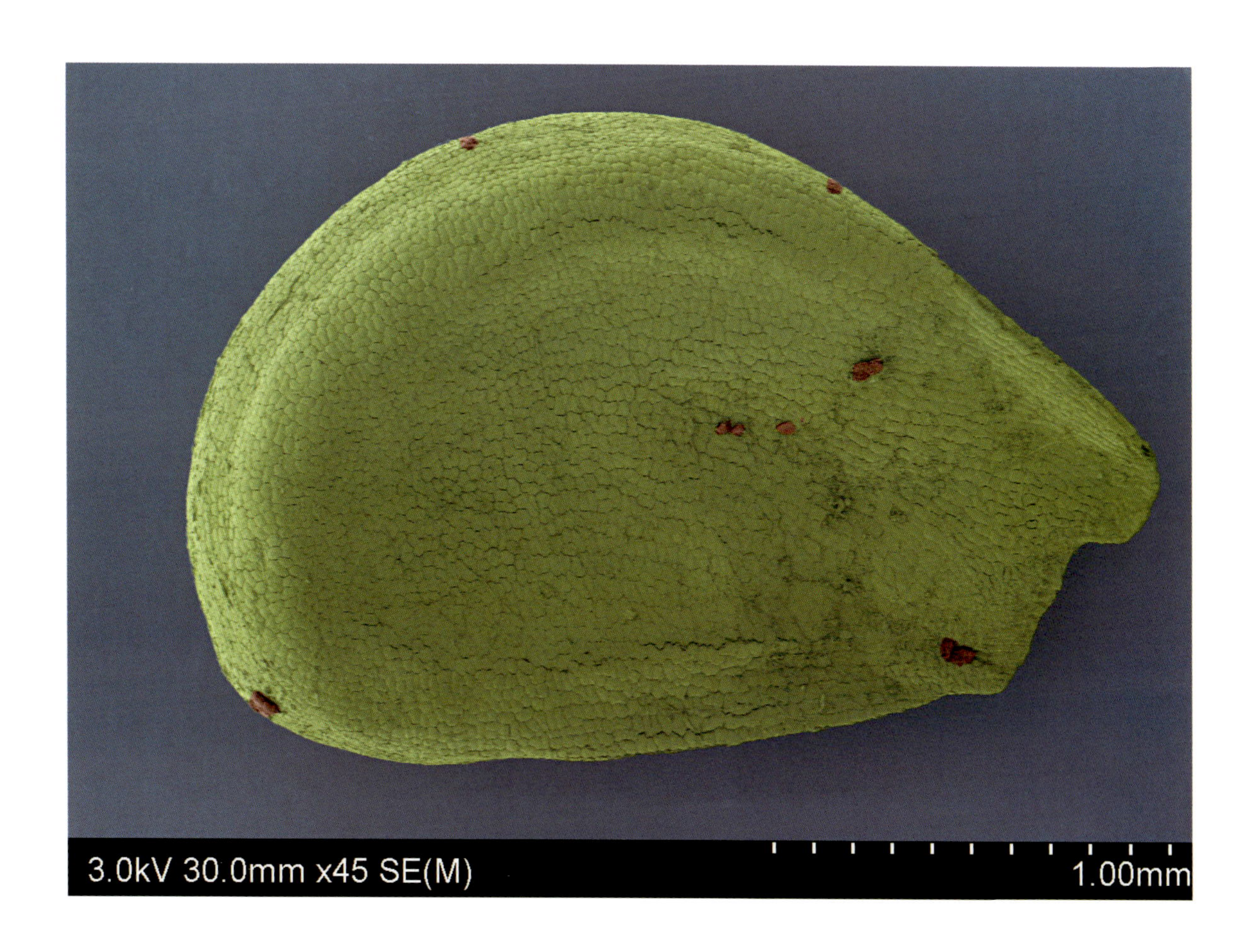

125 连翘 *Forsythia suspensa* (Thunb.) Vahl

木樨科 Oleaceae
连翘属 *Forsythia*

蒙　　名　希日 - 苏日 - 苏灵嘎 - 其其格。

别　　名　黄绶丹。

种子形态　种子呈长条形，表面粗糙且带有规则的网状纹理，种皮略有尖刺；大小为 6.15（6.14～6.16）mm × 2.38（2.37～2.39）mm。

种子功效　种子可入药，能清热解毒、消结散肿，主治热病、发热、心烦、咽喉肿痛、发斑、发疹、丹毒、淋巴结结核、尿路感染。

花　　期　5 月。

果　　期　9～10 月。

生　　境　中生灌木。生于山坡灌丛、林下草丛或山谷、山沟疏林中。

采 集 地　采自呼和浩特大青山等地。

126 羽叶丁香
Syringa pinnatifolia Hemsl.

木樨科 Oleaceae
丁香属 *Syringa*

蒙　　名 阿拉善乃 - 高力德 - 宝日。

别　　名 贺兰山丁香。

种子形态 种子呈不规则梨形，表面光滑并有少量凹凸，整体形状一端较宽，另一端逐渐变窄呈尖状；大小为 5.00（4.95～5.05）mm × 3.20（3.15～3.25）mm。

种子功效 种子具有清热止痛等功效。

花　　期 5～6 月。

果　　期 6～9 月。

生　　境 中生灌木或小乔木。生于荒漠带的山地杂木林及灌丛。

采 集 地 采自乌海市海勃湾区等地。

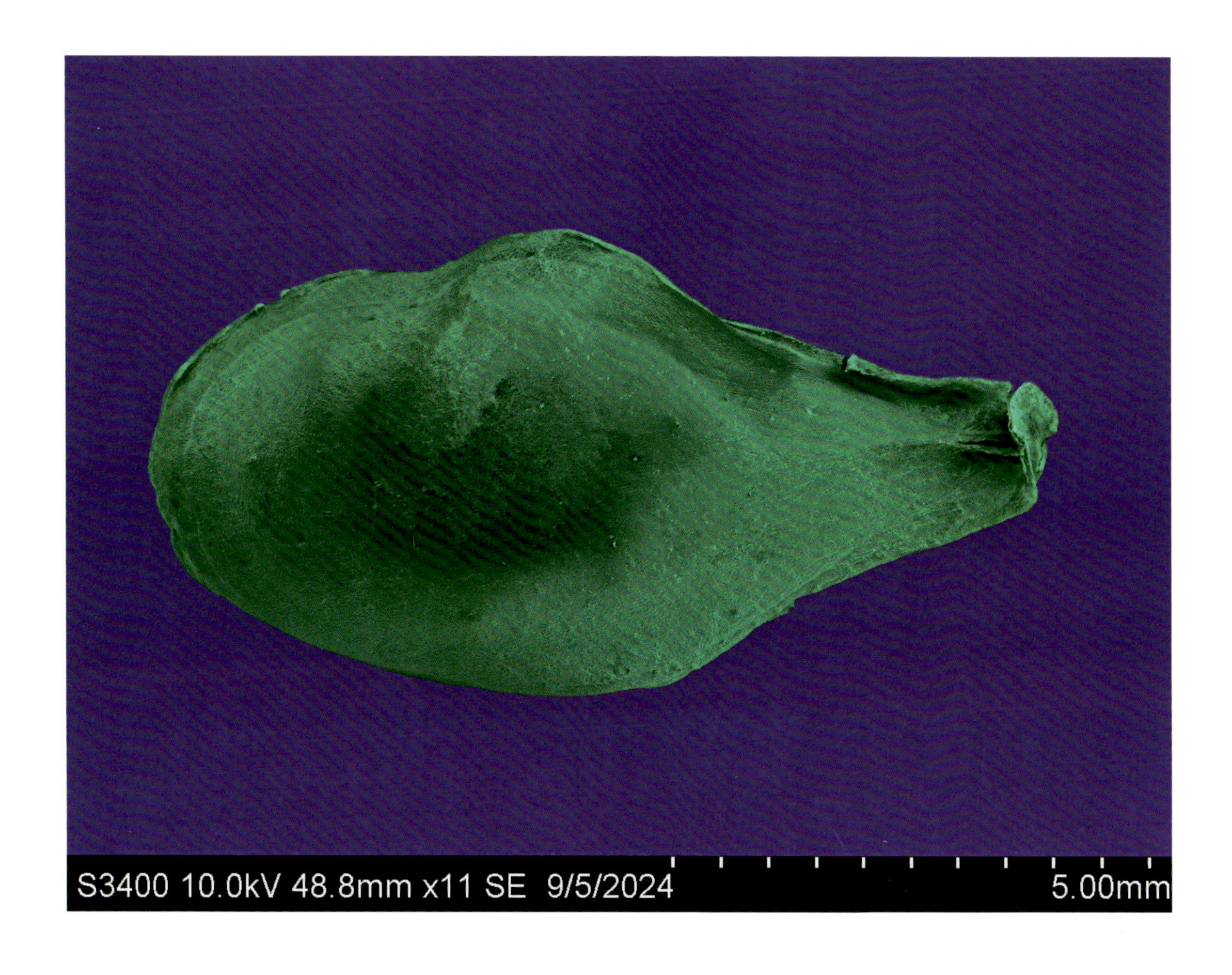

127 鳞叶龙胆 *Gentiana squarrosa* Ledeb.

龙胆科 Gentianaceae
龙胆属 *Gentiana*

蒙　　名　希日根 - 主力根 - 其木格。

别　　名　小龙胆。

种子形态　种子呈扁圆形，表面有规则光亮的细纹理；大小为 410（408～412）μm × 328（326～330）μm。

种子功效　种子可入药，能清热利湿、解毒消痈，主治咽喉肿痛、阑尾炎、白带、尿血。

花 果 期　6～8 月。

生　　境　中生小草本。散生于山地草甸、旱化草甸、草甸草原。

采 集 地　采自赤峰市敖汉旗等地。

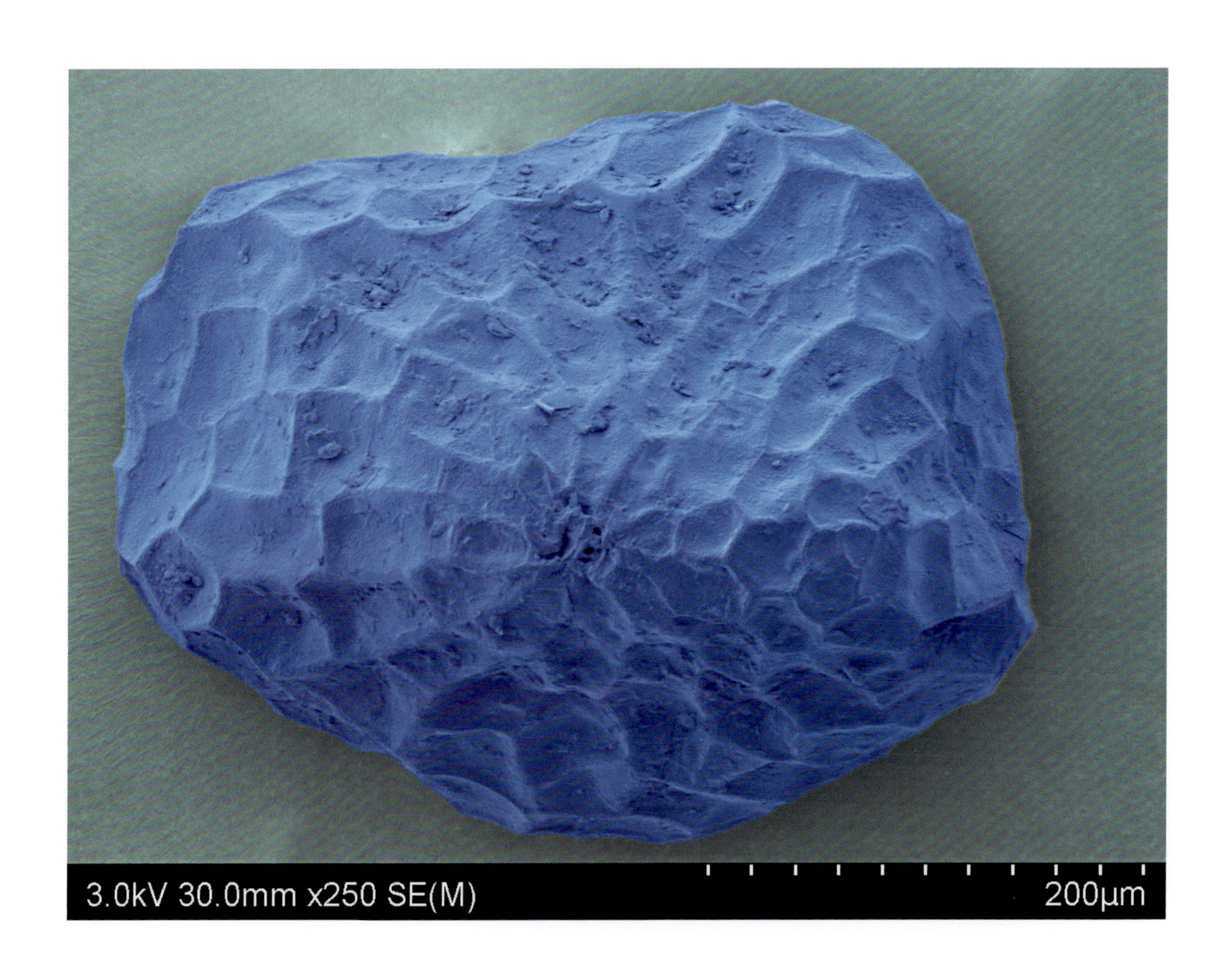

128 达乌里龙胆

Gentiana dahurica Fischer

龙胆科 Gentianaceae
龙胆属 *Gentiana*

蒙　　名 达古日 - 主力格 - 其木格。

别　　名 达乌里秦艽。

种子形态 种子呈不规则团块状，表面粗糙并布满翻转结构和凸起，边缘形态复杂且碎裂；大小为 1.23（1.22～1.24）mm × 831（830～832）μm。

种子功效 种子可入药，能祛风湿、退虚热、止痛，主治风湿性关节炎、低热、小儿疳积发热。

花 果 期 7～8 月。

生　　境 中旱生草本。生于草原、草甸、山地草原。

采 集 地 采自包头市固阳县等地。

129 罗布麻 *Apocynum venetum* L.

夹竹桃科 Apocynaceae
罗布麻属 *Apocynum*

蒙　　名 老布 - 奥鲁苏。

别　　名 茶叶花。

种子形态 种子呈狭长形，表面光滑并带有纵向纹理，边缘规则，整体形状纤细；大小为 2.43（2.42～2.44）mm × 709（708～710）μm。

种子功效 种子具有一定的药用价值，能平肝安神、清热利水，可用于肝阳眩晕、心悸失眠、浮肿尿少等症状的治疗。

花　　期 6～7 月。

果　　期 8 月。

生　　境 耐盐中生半灌木或草本。生于草原带和荒漠带的沙漠边缘、河漫滩、湖泊周围、盐碱地、沟谷、河岸沙地。

采 集 地 采自呼伦贝尔市海拉尔区等地。

130 华北白前
Vincetoxicum mongolicum Maxim.

夹竹桃科 Apocynaceae
白前属 *Vincetoxicum*

蒙　　名 好同和日。

别　　名 牛心朴子。

种子形态 种子扁平较细长，表面粗糙，带有纵向纹理，边缘略显不规则；大小为 4.00（3.95～4.05）mm × 1.20（1.15～1.25）mm。

种子功效 种子具有清热凉血、利尿通淋等功效，对温热病、发热烦渴、骨蒸潮热、热淋涩痛等有一定疗效。

花　　期 5～8 月。

果　　期 6～11 月。

生　　境 生于海拔 2000m 的山岭旷野。

采 集 地 采自鄂尔多斯市鄂托克前旗等地。

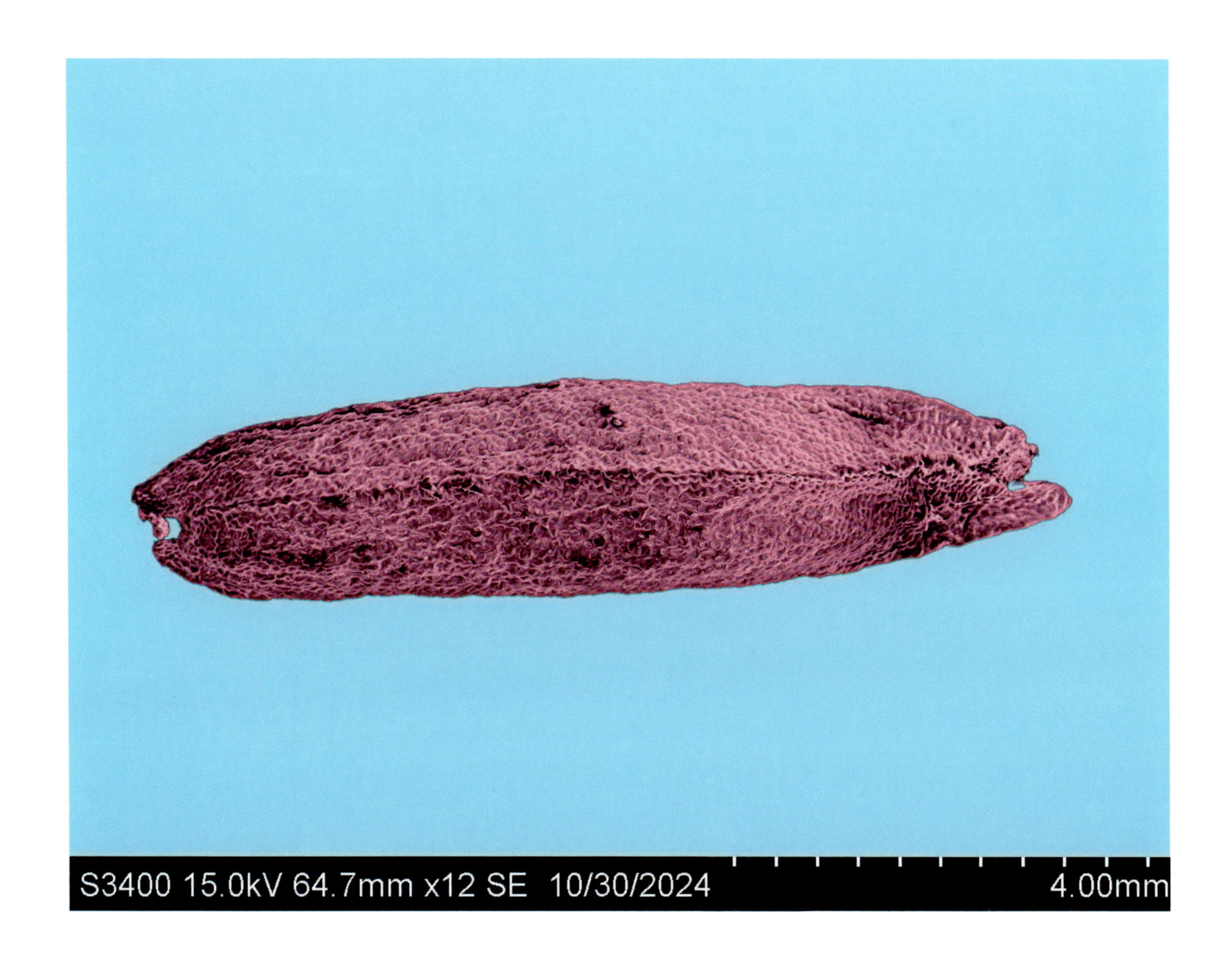

131 地梢瓜

Cynanchum thesioides (Freyn) K. Schum.

夹竹桃科 Apocynaceae
鹅绒藤属 *Cynanchum*

蒙　　名　特木根 - 呼呼。

别　　名　雀瓢。

种子形态　种子呈扁圆形，整体形状宽大，表面略显粗糙，边缘稍显不规则；大小为 7.85（7.84～7.86）mm × 5.34（5.33～5.35）mm。

种子功效　种子可入药，能益气、通乳、清热降火、生津止渴，主治乳汁不通、气血两虚、咽喉疼痛，外用治瘊子。

花　　期　6～7 月。

果　　期　7～8 月。

生　　境　直立草本。生于干草原、丘陵坡地、沙丘、撂荒地、田埂。

采 集 地　采自呼和浩特市土默特左旗等地。

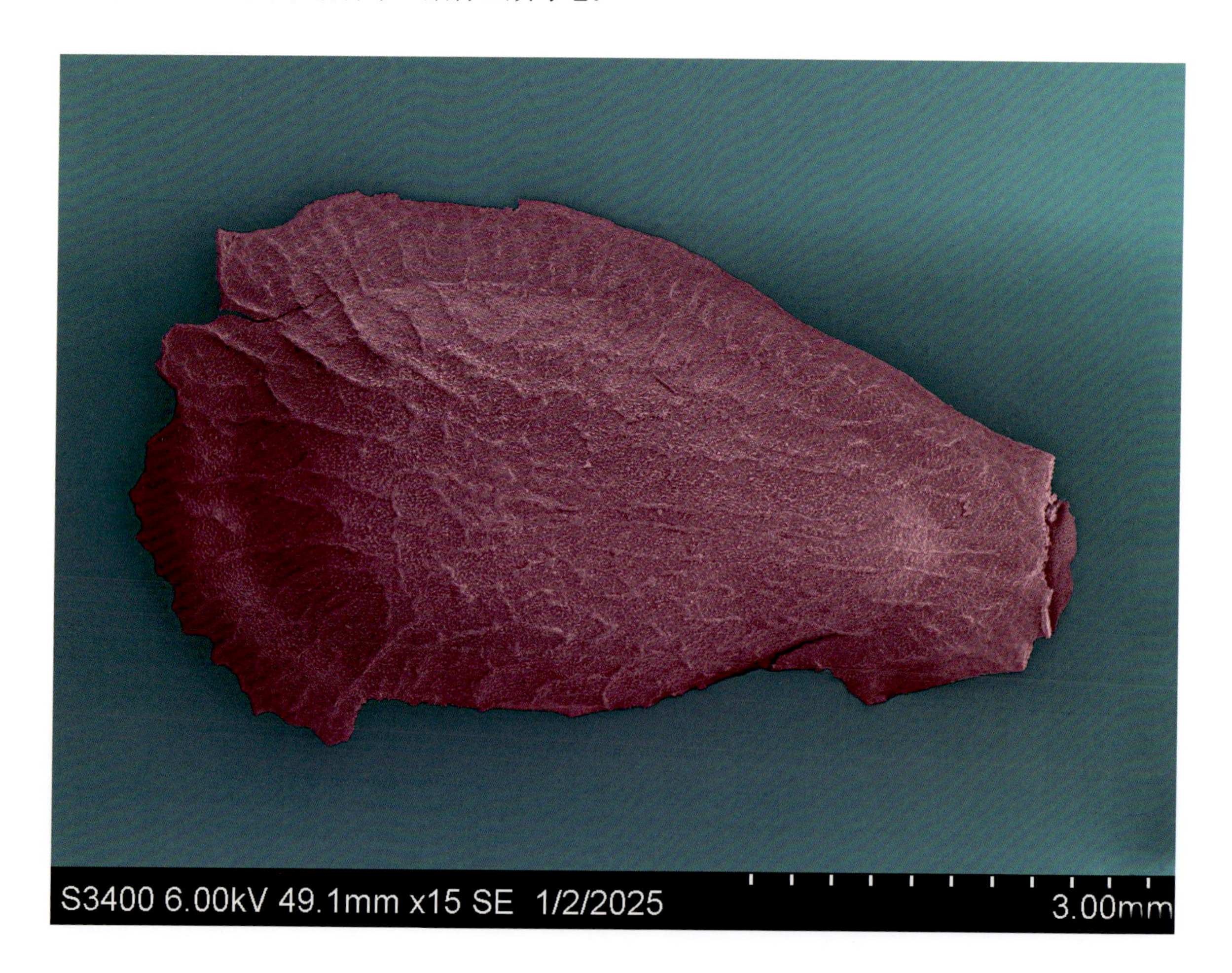

132 萝藦

Cynanchum rostellatum (Turcz.) Liede & Khanum

夹竹桃科 Apocynaceae
鹅绒藤属 *Cynanchum*

蒙　　名　阿古乐朱日 - 吉米斯。

别　　名　老鸹瓢。

种子形态　种子呈不规则扁椭圆形，表面有轻微纹理和褶皱，整体形状宽大；大小为 7.08（7.07～7.09）mm × 4.54（4.53～4.55）mm。

种子功效　种子具有一定的药用价值，可补益精气、生肌止血、解毒消肿等，常用于治疗虚劳、阳痿、金疮出血、痈肿疮毒等病症。

花　　期　6～7 月。

果　　期　8 月。

生　　境　中生缠绕草本。生于草原带的河边沙质坡地。

采 集 地　采自通辽市科尔沁草原等地。

133 菟丝子 *Cuscuta chinensis* Lam.

旋花科 Convolvulaceae
菟丝子属 *Cuscuta*

蒙　　名 希日 - 奥日义羊古。

别　　名 金丝藤。

种子形态 种子卵圆形，淡褐色；大小为 1.38（1.02～1.62）mm × 1.05（0.84～1.37）mm。

种子功效 种子入药，能补阳肝肾、益精明目、安胎，主治腰膝酸软、阳痿、遗精、头晕、目眩、视力减退、胎动不安。

花　　期 7～8 月。

果　　期 8～10 月。

生　　境 缠绕寄生草本。多寄生在豆科植物上。

采 集 地 采自巴彦淖尔市五原县等地。

134 南方菟丝子 *Cuscuta australis* R. Br.

旋花科 Convolvulaceae
菟丝子属 *Cuscuta*

蒙　　名　套木 - 希日 - 奥日义羊古。

别　　名　欧洲菟丝子。

种子形态　种子呈近似圆形，表面粗糙，布满均匀的网状纹理，边界规则；大小为 1.54（1.53～1.55）mm × 1.33（1.32～1.34）mm。

种子功效　种子入药，能补阳肝肾、益精明目、安胎，主治腰膝酸软、阳痿、遗精、头晕、目眩、视力减退、胎动不安。

花　　期　5～7 月。

果　　期　7～8 月。

生　　境　缠绕寄生草本。多寄生在豆科、蒿属、牡荆属植物上。

采 集 地　采自鄂尔多斯市乌审旗等地。

135 大果琉璃草 *Cynoglossum divaricatum* Stephan ex Lehm.

紫草科 Boraginaceae
琉璃草属 *Cynoglossum*

蒙　　名　囊给 - 章古。

别　　名　大赖鸡毛子。

种子形态　小坚果三角状卵形，密被锚状刺，背盘不明显，着生面位于腹面中部以上；大小为 5.54（5.24～5.76）mm × 3.98（3.69～4.12）mm。

种子功效　种子可入药，能收敛、止泻，主治小儿腹泻。

花　　期　6～7 月。

果　　期　9 月。

生　　境　旱中生草本。生于森林草原带和草原带的沙地、干河谷的沙砾质冲积物上、田边、路旁、村旁，为常见的农田杂草。

采 集 地　采自呼伦贝尔市阿荣旗等地。

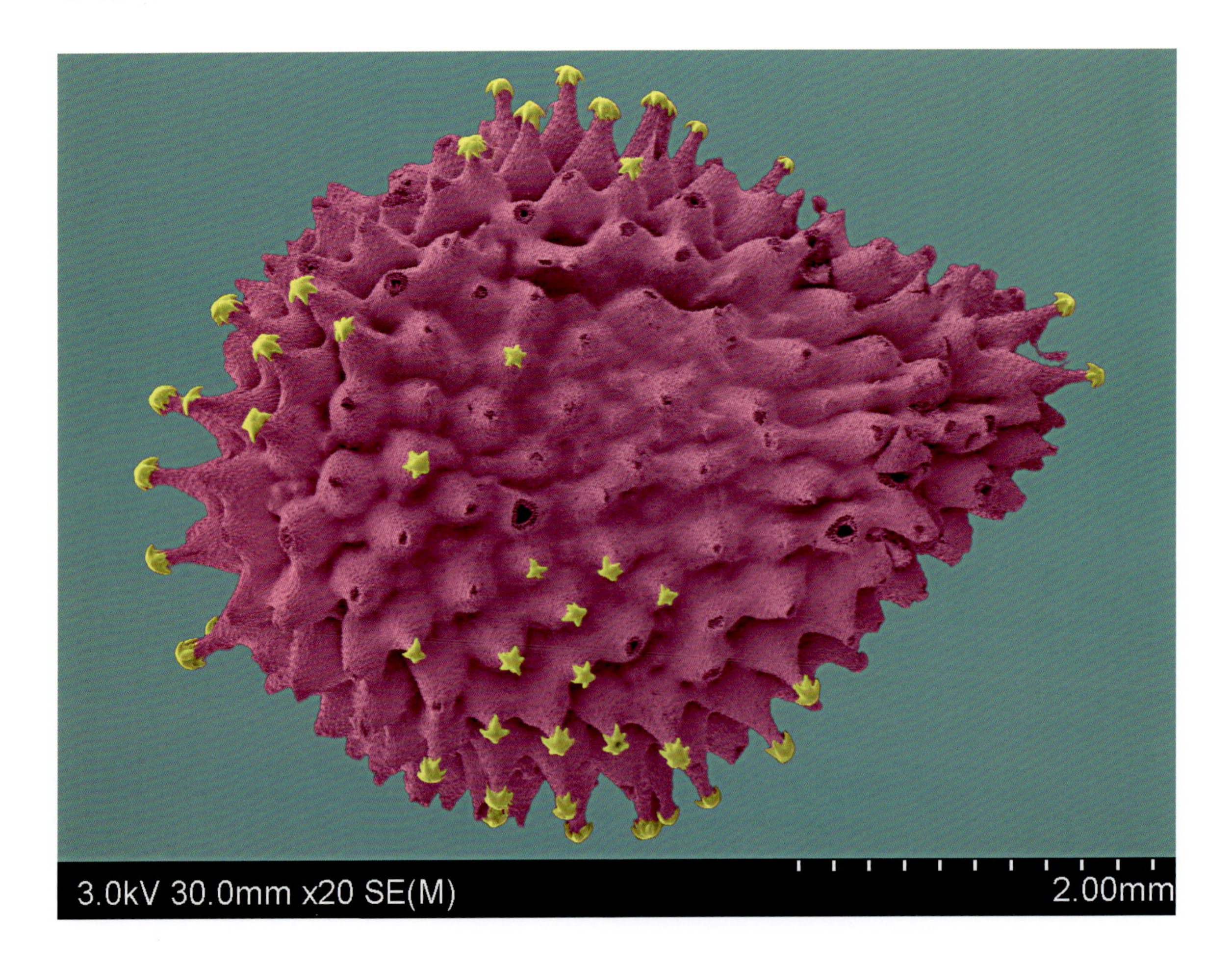

136 荆条

Vitex negundo var. *heterophylla* (Franch.) Rehder

唇形科 Lamiaceae
牡荆属 *Vitex*

蒙　　名　希日 - 推邦。

别　　名　荆棵。

种子形态　种子卵圆形或肾形；大小为 2.26（2.01～2.55）mm × 1.51（1.24～1.77）mm。

种子功效　种子具有镇静安神、镇痛、抗炎、降血压、抗氧化、祛痰止咳等功效，可用于缓解多种不适症状并对一些疾病有辅助治疗作用。

花　　期　7～8 月。

果　　期　9 月。

生　　境　中生灌木。多生于阔叶林带的山地阳坡、林缘。

采 集 地　采自包头市石拐区等地。

137 黄芩 *Scutellaria baicalensis* Georgi

唇形科 Lamiaceae
黄芩属 *Scutellaria*

蒙　　名　混芪。

别　　名　香水水草。

种子形态　种子黑褐色，卵球形；大小为 3.09（2.81～3.35）mm × 1.56（1.24～1.77）mm。

种子功效　种子有清热燥湿、泻火解毒、止血、安胎等潜在功效，可在相关病症治疗中发挥辅助作用。

花　　期　7～8 月。

果　　期　8～9 月。

生　　境　中旱生草本。生于森林带和草原带的山地和丘陵的砾石质坡地及沙质地上。

采 集 地　采自包头市固阳县等地。

138 夏枯草 *Prunella vulgaris* L.

唇形科 Lamiaceae
夏枯草属 *Prunella*

蒙　　名　利斯力格。
别　　名　牛低代头。
种子形态　种子圆状卵球形；大小为 1.80（1.58～2.05）mm × 1.06（0.92～1.27）mm。
种子功效　种子可入药，具有清肝泻火、明目、散结消肿的功效。
花　　期　4～6 月。
果　　期　7～10 月。
生　　境　喜温暖湿润的环境，耐寒、适应性强，易于管理，对土壤条件要求不高。环境适应性很强。
采 集 地　采自呼伦贝尔市鄂伦春自治旗等地。

139 藿香

Agastache rugosa (Fisch. & C. A. Mey.) Kuntze

唇形科 Lamiaceae
藿香属 *Agastache*

蒙　　名　乌努日根讷。
别　　名　芭蒿。
种子形态　种子褐色，卵球状长圆形；大小为 1.49（1.26～1.69）mm × 782（761～799）μm。
种子功效　种子可作香料。
花　　期　6～9 月。
果　　期　9～11 月。
生　　境　中生草本。喜高温、阳光充足环境，在荫蔽处生长欠佳，年平均气温 19～26℃的地区较宜生长。
采 集 地　采自赤峰市宁城县等地。

140 大花荆芥 *Nepeta sibirica* L.

唇形科 Lamiaceae
荆芥属 *Nepeta*

蒙　　名　西伯日 - 毛如音 - 好木苏。

别　　名　大薄荷。

种子形态　种子呈椭圆形，表面有明显的网状结构和一些小孔；大小为 1.86（1.85～1.89）mm × 1.19（1.18～1.20）mm。

种子功效　种子可疏风解表、透疹、止血、消疮，对感冒、麻疹、出血及疮疡肿毒等相关病症有一定的治疗或辅助治疗作用。

花　　期　8～9 月。

生　　境　多年生中生草本。生于荒漠带和草原带的山地林缘、沟谷草甸。

采 集 地　采自巴彦淖尔市五原县等地。

141 串铃草

Phlomoides mongolica (Turcz.) Kamelin & A. L. Budantzev

唇形科 Lamiaceae
糙苏属 *Phlomoides*

蒙　　名 蒙古乐 - 奥古乐今 - 土古日爱。

别　　名 野洋芋。

种子形态 种子长柱形；大小为 4.21（4.01～4.55）mm × 1.29（1.04～1.47）mm。

种子功效 种子可祛风除湿、活血止痛、止咳化痰、安神，能缓解风湿关节痛、跌打伤痛、咳嗽气喘及失眠心烦等多种不适。

花　　期 6～8 月。

果　　期 8～9 月。

生　　境 旱中生草本。生于森林草原带和草原带的草甸、草甸草原、山地沟谷草甸、撂荒地、路边，也见于荒漠区的山地。

采 集 地 采自乌兰察布市兴和县苏木山等地。

142 益母草 *Leonurus japonicus* Houtt.

唇形科 Lamiaceae
益母草属 *Leonurus*

蒙　　名　都日伯乐吉 - 额布斯。

别　　名　益母夏枯。

种子形态　种子长圆状三棱形，顶端截平而略宽大，基部楔形，淡褐色，光滑；大小为 1.88（1.71～2.05）mm × 1.00（0.89～1.07）mm。

种子功效　种子可活血调经、清肝明目、利水消肿、降血压，能有效改善月经不调、目赤肿痛、水肿尿少及高血压等症状。

花　　期　7～9 月。

果　　期　9 月。

生　　境　中生杂草。生于山地阔叶林林缘草甸、林下、山地灌丛。

采 集 地　采自赤峰市敖汉旗等地。

143 薄荷 *Mentha canadensis* L.

唇形科 Lamiaceae
薄荷属 *Mentha*

蒙　　名　巴德日阿西。

别　　名　香薷草。

种子形态　种子呈椭圆形，表面粗糙并布满不规则的凹坑和微小的孔状结构，边缘略显不规则；大小为 1.66（1.65～1.67）mm × 1.14（1.13～1.15）mm。

种子功效　种子具有疏散风热、清利头目、利咽透疹、疏肝行气等功效，可用于缓解风热感冒、头痛目赤、咽喉肿痛、肝郁气滞等不适症状。

花　　期　7～8 月。

果　　期　9 月。

生　　境　湿中生草本。生于森林带和草原带的水旁低湿地、湖滨草甸、河滩沼泽草甸。

采 集 地　采自赤峰市宁城县等地。

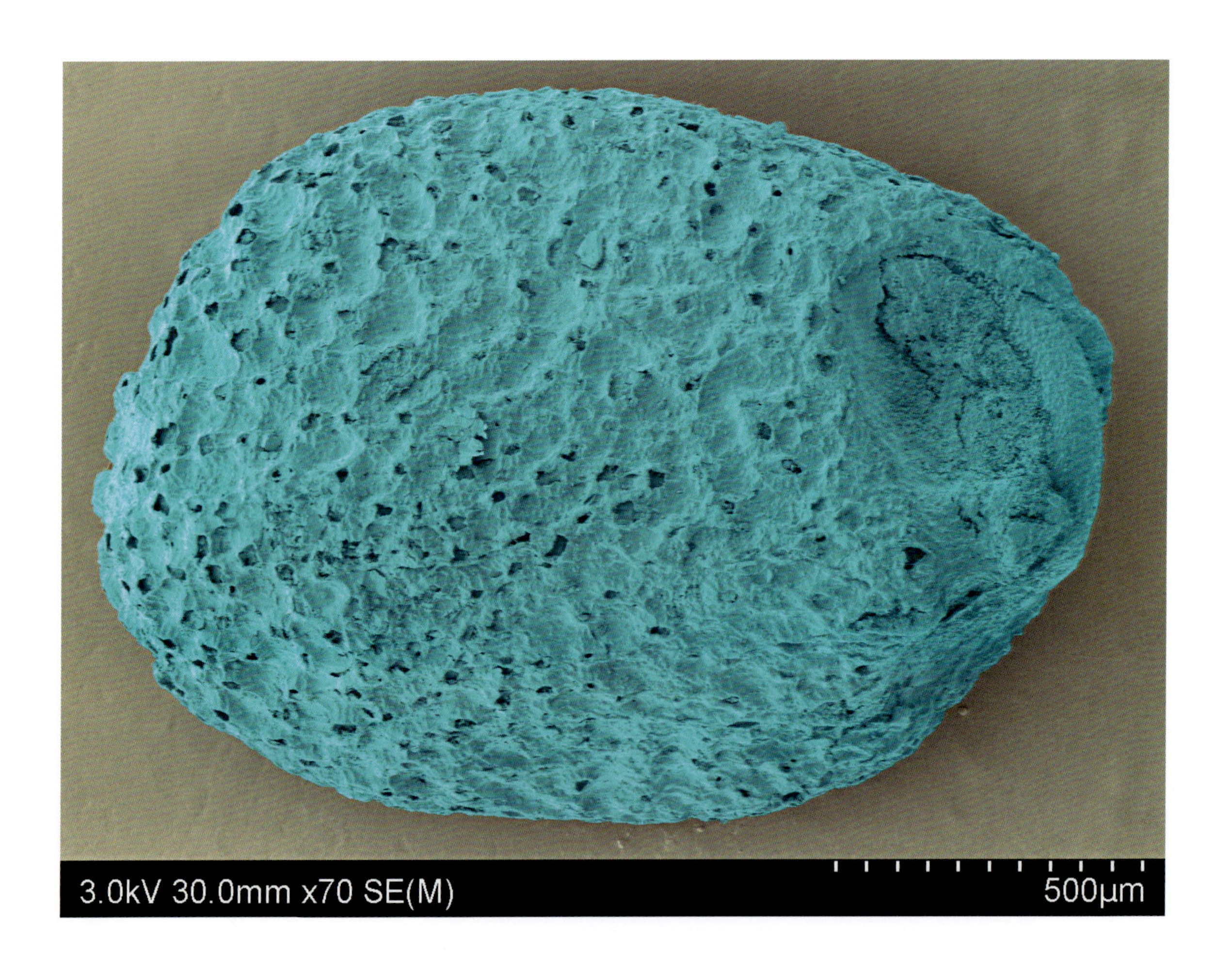

144 丹参
Salvia miltiorrhiza Bunge

唇形科 Lamiaceae
鼠尾草属 *Salvia*

蒙　　名　乌兰 - 吉给德。
别　　名　大叶活血丹。
种子形态　种子卵圆形；大小为 3.34（3.11～3.55）mm × 2.05（1.94～2.17）mm。
种子功效　种子可活血化瘀、通经止痛、清心除烦、凉血消痈，能有效改善瘀血疼痛、经络不通、心烦失眠及热毒疮疡等多种症状。
花　　期　4～8 月。
果　　期　9～11 月。
生　　境　多年生直立草本。多分布于气候温和、光照充足的湿润地区。
采 集 地　采自通辽市开鲁县等地。

145 香薷 *Elsholtzia ciliata* (Thunb.) Hyl.

唇形科 Lamiaceae
香薷属 *Elsholtzia*

蒙　　名　昂给鲁木 - 其其格。

别　　名　山苏子。

种子形态　种子长圆形；大小为 1.22（1.01～1.55）mm × 638（613～652）μm。

种子功效　种子可发汗解表、化湿和中、利水消肿，能缓解外感风寒、湿阻脾胃、水肿尿少等相关症状。

花 果 期　7～10 月。

生　　境　中生草本。生于山地阔叶林林下、林缘、灌丛、山地草甸，也见于较湿润的田野、路边。

采 集 地　采自呼伦贝尔市鄂伦春自治旗等地。

146 密花香薷
Elsholtzia densa Benth.

唇形科 Lamiaceae
香薷属 *Elsholtzia*

蒙　　名　那林 - 昂给鲁木 - 其其格。

别　　名　细穗香薷。

种子形态　种子卵球形，被微柔毛，顶端被疣点；大小为 1.73（1.51～1.95）mm × 1.09（0.86～1.21）mm。

种子功效　种子可发汗解表、化湿和中、利水消肿，能缓解感冒、腹痛吐泻、小便不利等症状。

花　　期　7～10 月。

生　　境　中生草本。生于山地阔叶林下、林缘、灌丛、山地草甸，也见于较湿润的田野、路边。

采 集 地　采自呼伦贝尔市鄂伦春自治旗等地。

147 黑果枸杞 *Lycium ruthenicum* Murray

茄科 Solanaceae
枸杞属 *Lycium*

蒙　　名 哈日 - 侵娃音 - 哈日漠格。

别　　名 苏枸杞。

种子形态 种子呈椭圆形，表面平整，边缘带有少量凹坑和纹理，略显不规则；大小为 1.71（1.70～1.72）mm × 1.32（1.31～1.33）mm。

种子功效 种子可滋补肝肾、益精明目、抗氧化、增强免疫力，能改善肝肾阴虚、目昏不明等症并有助于延缓衰老，提升肌体抵抗力。

花　　期 5～8 月。

果　　期 8～10 月。

生　　境 耐盐中生灌木。生于荒漠带的盐化低地、沙地、路旁、村舍附近。

采 集 地 采自阿拉善盟额济纳旗等地。

148 酸浆 *Alkekengi officinarum* Moench

茄科 Solanaceae
酸浆属 *Alkekengi*

蒙　　名 斗 - 姑娘。
别　　名 挂金灯。
种子形态 种子长卵圆形；大小为 5.09（4.94～5.21）mm × 1.68（1.52～1.88）mm。
种子功效 种子可入药，能清热解毒、利咽、化痰、利尿，主治咽喉肿痛、肺热咳嗽。
花　　期 6～8 月。
果　　期 8～9 月。
生　　境 中生草本。常生长于空旷地、山坡、林下、路旁及田野草丛中。
采 集 地 采自呼和浩特市托克托县等地。

149 假酸浆 *Nicandra physalodes* (L.) Gaertn.

茄科 Solanaceae
假酸浆属 *Nicandra*

蒙　　名　哈日 - 努古日苏。
别　　名　鞭打绣球。
种子形态　种子肾状盘形，具多数小凹穴；胚弯曲，近周边生，子叶半圆棒形；大小为 1.48（1.36～1.65）mm × 1.29（1.16～1.32）mm。
种子功效　种子可入药，有镇静、祛痰、清热解毒的功效。
花　　期　6～7 月。
果　　期　8～9 月。
生　　境　中生草本。生于荒地、宅旁。
采 集 地　采自呼和浩特市回民区等地。

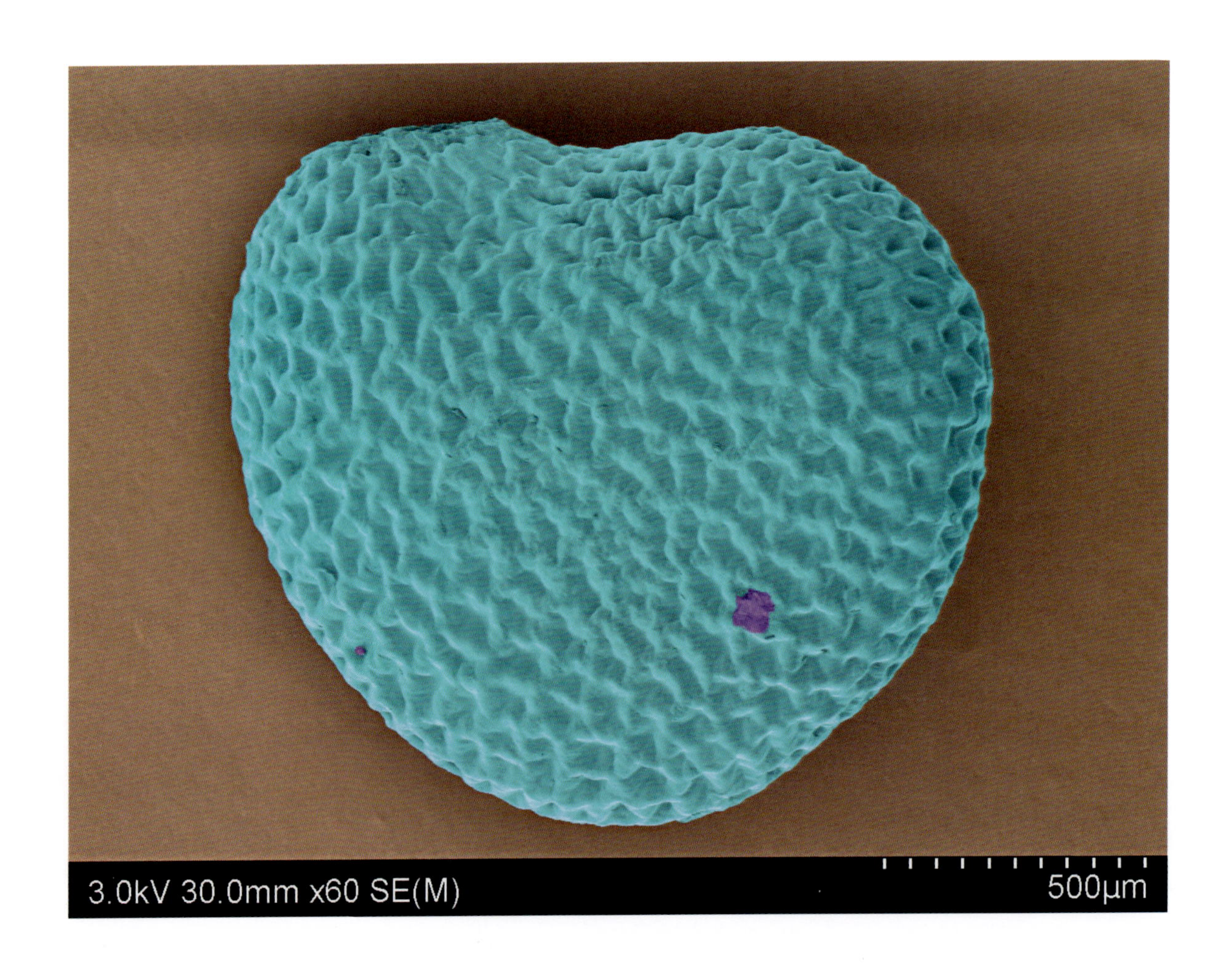

150 龙葵 *Solanum nigrum* L.

茄科 Solanaceae
茄属 *Solanum*

蒙　　名　闹害音 - 乌吉马。

别　　名　天茄子。

种子形态　种子呈椭圆形，表面粗糙，边缘不平整，带有一些不规则的纹理和微小的凹坑；大小为 1.92（1.91～0.93）mm × 1.48（1.46～1.49）mm。

种子功效　种子可入药，能清热解毒、利尿、止咳、止血，主治疔疮肿毒、气管炎、癌肿、膀胱炎、小便不利、痢疾、咽喉肿痛。

花　　期　7～9 月。

果　　期　8～10 月。

生　　境　中生草本。生于草原带和沙漠带的山地路旁、村边、水沟边。

采 集 地　采自通辽市科尔沁草原等地。

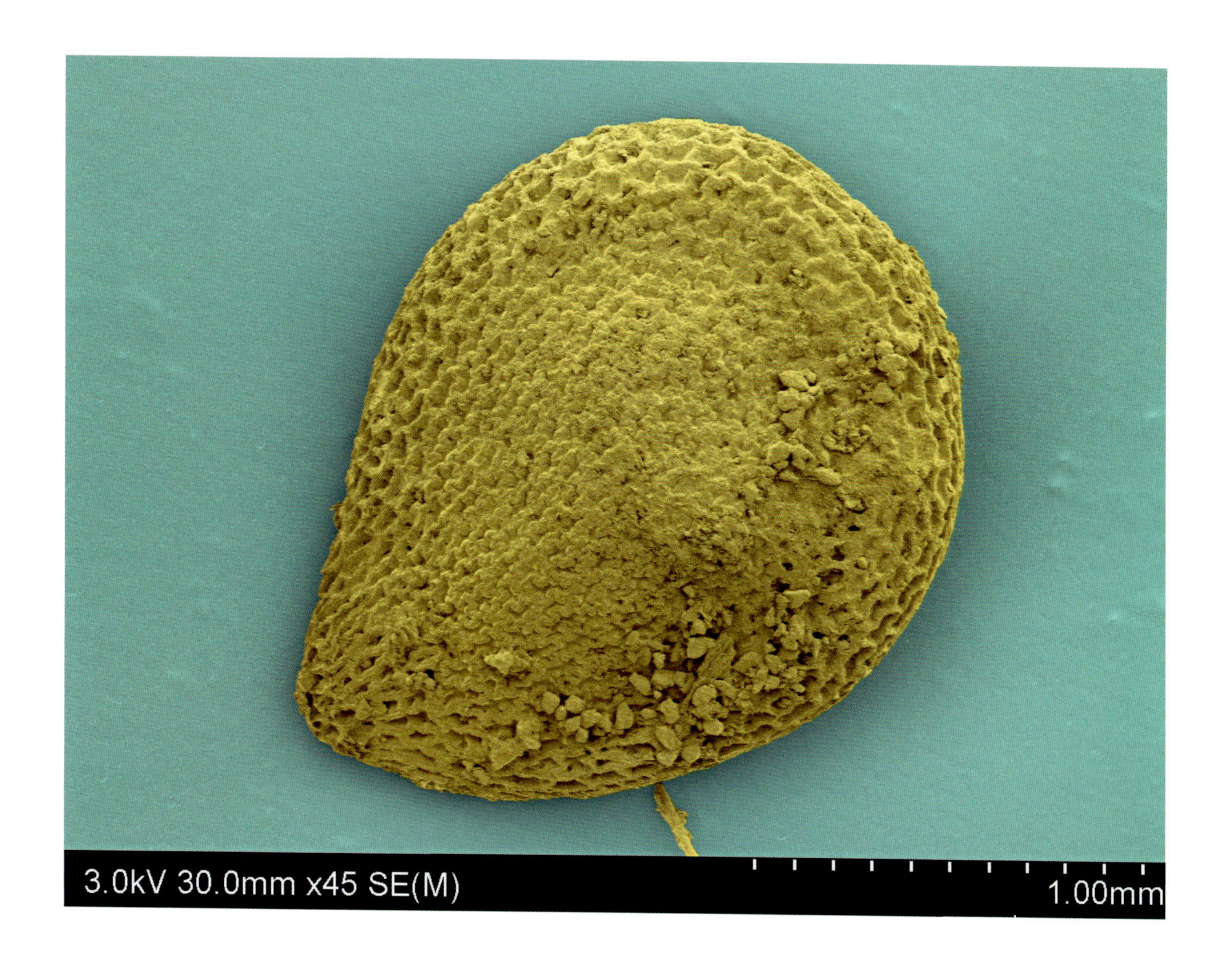

151 黄花刺茄 *Solanum rostratum* Dunal

茄科 Solanaceae
茄属 *Solanum*

蒙　　名　希拉其其格图 - 乌存 - 哈希。

别　　名　刺萼龙葵。

种子形态　种子呈椭圆形，表面、边缘较粗糙，表面有大量凹坑和纹理；大小为 2.61（2.58～2.65）mm × 1.96（1.91～2.03）mm。

种子功效　种子具有清热解毒、活血消肿的功效，对痈肿疮毒、跌打损伤等有一定治疗作用。

花 果 期　6～9 月。

生　　境　中生草本。生于河边路旁，外来入侵种。

采 集 地　采自呼和浩特市等地。

152 地黄

Rehmannia glutinosa (Gaertn.) Libosch. ex Fisch. & C. A. Mey.

列当科 Orobanchaceae
地黄属 *Rehmannia*

蒙　　名　希拉其其格图 - 乌存 - 哈希。

别　　名　生地。

种子形态　种子卵圆形或长卵圆形，具蜂窝状凹槽；大小为 1.36（1.19～1.55）mm × 873（856～894）μm。

种子功效　种子具有一定滋阴补肾、清热凉血等潜在功效，可在一定程度上辅助调节身体机能。

花　　期　5～6 月。

果　　期　7 月。

生　　境　旱中生草本。生于暖温性阔叶林带和草原带的山地坡麓及路边。

采 集 地　采自赤峰市松山区等地。

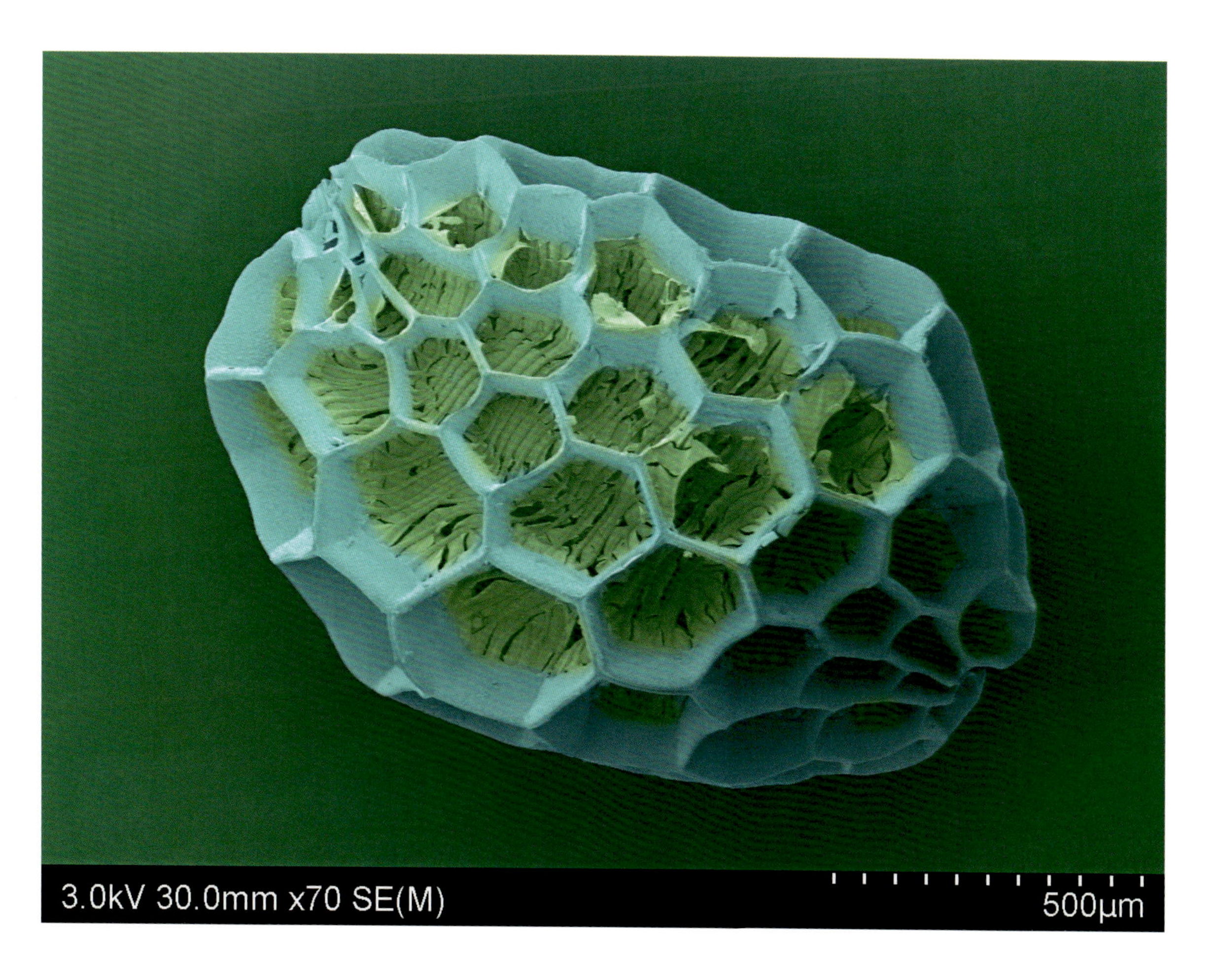

153 婆婆纳 *Veronica polita* Fries

车前科 Plantaginaceae
婆婆纳属 *Veronica*

蒙　　名 侵达干 - 额布苏。

别　　名 老鸦枕头。

种子形态 种子呈椭圆形，表面明显呈现不规则的网格状结构，边缘较平整，整体形状较厚实；大小为 1.03（1.01～1.04）mm × 630（620～640）μm。

种子功效 种子可入药，能凉血、止血、理气止痛，主治吐血、疝气、睾丸炎、白带多。

花 果 期 5～8 月。

生　　境 中生草本。生于庭院草丛中。

采 集 地 采自赤峰市敖汉旗等地。

154 梓树 *Catalpa ovata* G. Don

紫葳科 Bignoniaceae
梓属 *Catalpa*

蒙　　名　朝鲁马盖 - 扎嘎日特 - 毛都。

别　　名　臭梧桐。

种子形态　种子呈长条状，中部宽厚两端渐细，表面有细长根状或纤维状结构从中部向两端延伸；大小为 5.169（5.161～5.204）mm × 2.628（2.624～2.703）mm。

种子功效　种子可入药，能利尿、消肿，主治浮肿、慢性肾炎、膀胱炎。

花　　期　6～7 月。

果　　期　9 月。

生　　境　中生乔木。多生长于海拔 500～2500m 的低洼山沟或河谷。

采 集 地　采自通辽市库伦旗等地。

155 透骨草

Phryma leptostachya subsp. *asiatica* (Hara) Kitam.

透骨草科 Phrymaceae
透骨草属 *Phryma*

蒙　　名　纳布特乐 - 额布苏。

别　　名　毒蛆草。

种子形态　种子呈椭圆形，表面布满小凸起，纹理粗糙，边缘粗糙，整体形状较厚；大小为 3.10（3.08～3.12）mm × 2.69（2.66～2.72）mm。

种子功效　种子可入药，能清热利湿、活血消肿，主治黄水疮、疥疮、湿疹、跌打损伤、骨折。

花 果 期　7～9 月。

生　　境　中生草本。生于溪边阔叶林下。

采 集 地　采自通辽市奈曼旗等地。

156 兔儿尾苗

Pseudolysimachion longifolium (L.) Opiz

车前科 Plantaginaceae
兔尾苗属 *Pseudolysimachion*

蒙　　名　乌日图 - 侵达干。

别　　名　长尾婆婆纳。

种子形态　种子呈椭圆形，表面具有明显的网格状纹理，较粗糙；大小为 804（802～806）μm × 772（770～775）μm。

种子功效　种子具有清热利湿、解毒消肿等功效。

花 果 期　6～8 月。

生　　境　生于草甸、山坡草地、林缘草地、桦木林下。

采 集 地　采自赤峰市敖汉旗等地。

157 茜草 *Rubia cordifolia* L.

茜草科 Rubiaceae
茜草属 *Rubia*

蒙　　名　马日那。

别　　名　红丝线。

种子形态　种子呈不规则形状，表面具有明显的波纹理，整体形状较为粗糙，边缘不规则，部分区域呈现较为复杂的表面结构；大小为 4.58（4.55～4.60）mm × 3.57（3.54～3.60）mm。

种子功效　种子具有一定的凉血止血、化瘀通经功效。

花　　期　7 月。

果　　期　9 月。

生　　境　中生草本。生于森林带、草原带和荒漠带的山地杂木林下、林缘、路旁草丛。

采 集 地　采自呼伦贝尔市陈巴虎旗等地。

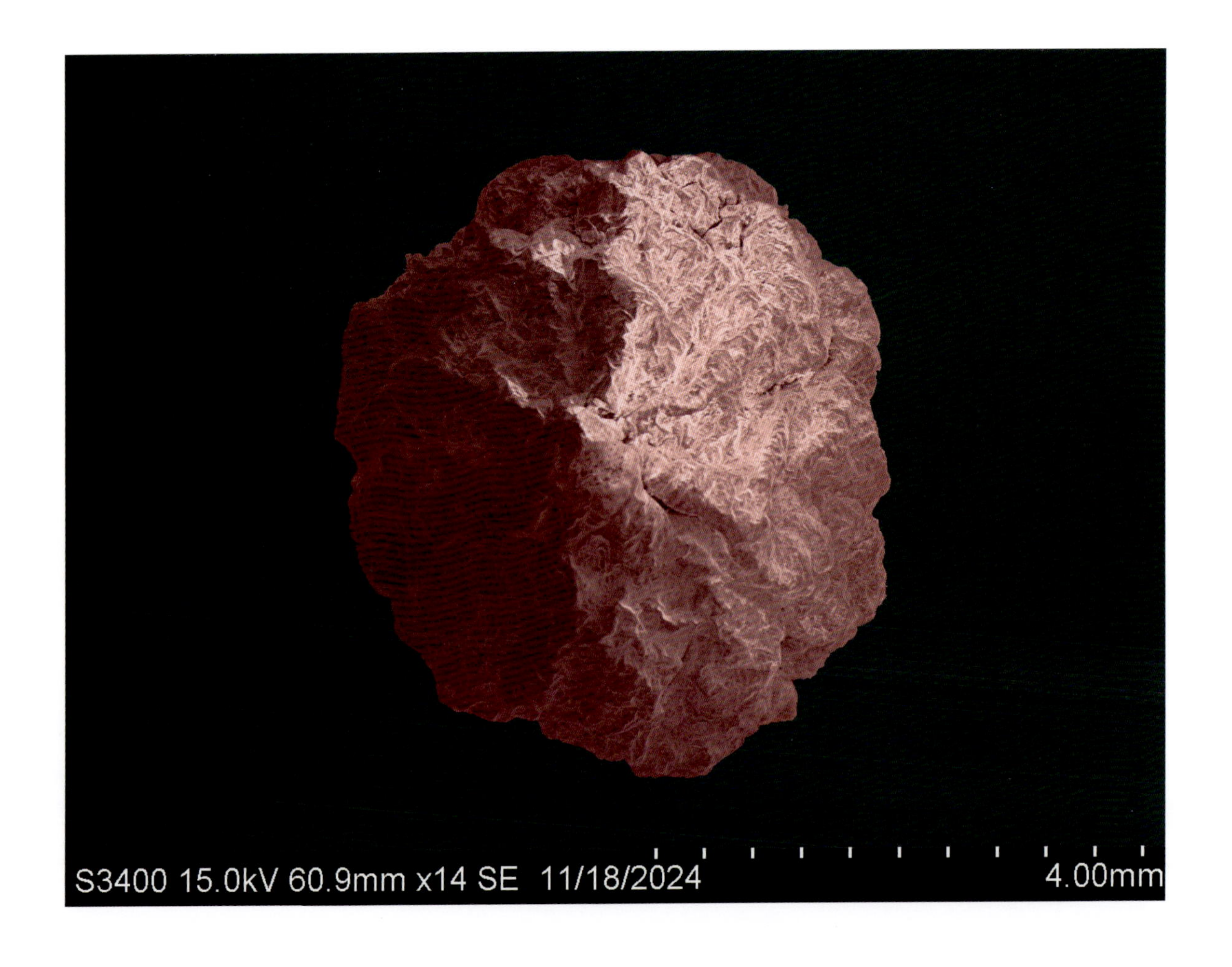

158 葱皮忍冬

Lonicera ferdinandi Franch.

忍冬科 Caprifoliaceae
忍冬属 *Lonicera*

蒙　　名　义乐塔苏立格 - 达邻 - 哈力苏。

别　　名　秦岭金银花。

种子形态　种子呈不规则形状，表面光滑，边缘较平滑，部分区域存在裂痕；大小为 5.62（5.58～5.65）mm × 4.31（4.28～4.34）mm。

种子功效　种子具有一定的清热解毒、疏散风热功效，对缓解咽喉肿痛、风热感冒等可能有一定辅助作用。

花　　期　8 月。

果　　期　9 月。

生　　境　中生灌木。生于温暖草原带的山地、丘陵。

采 集 地　采自巴彦淖尔市乌拉特后旗等地。

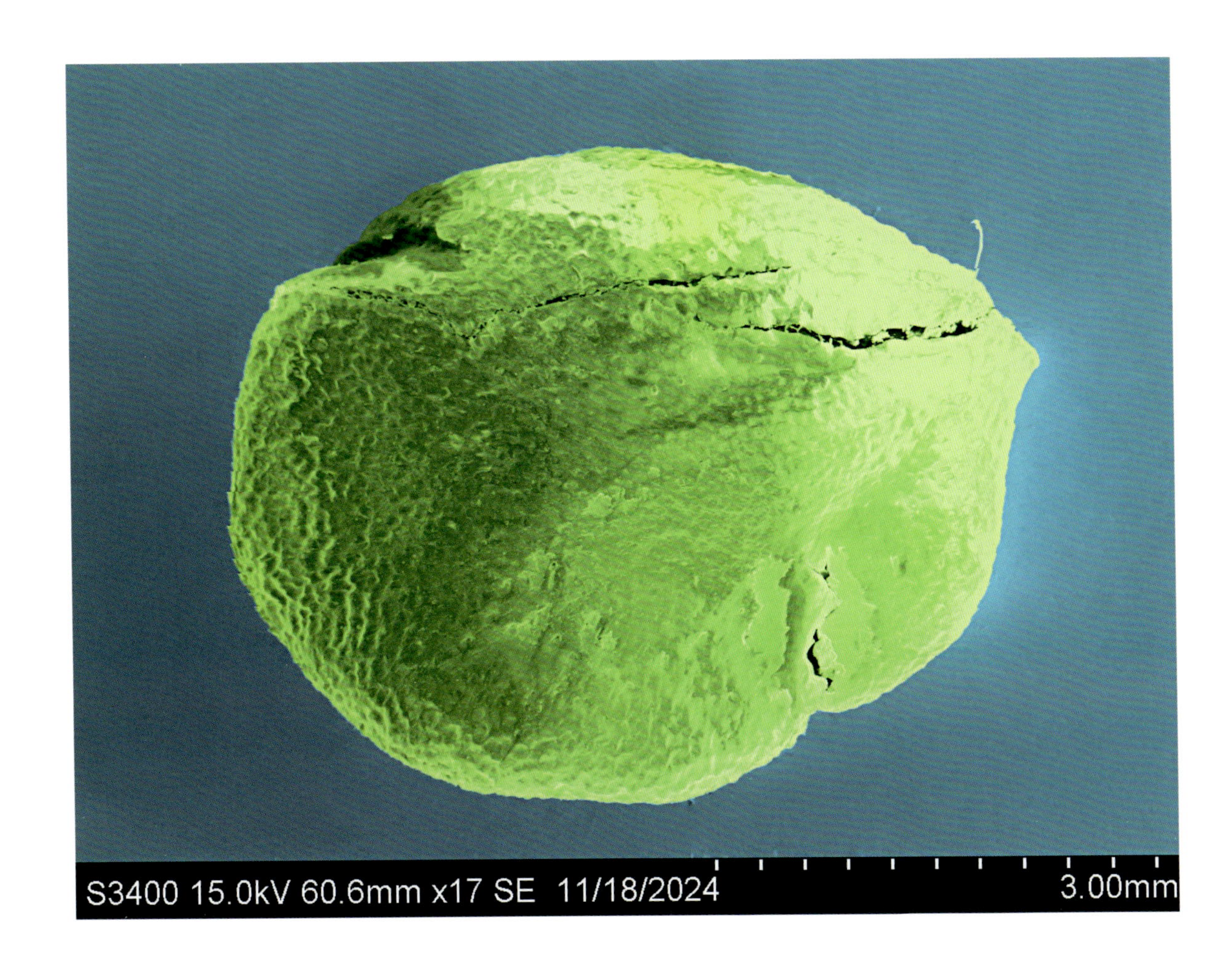

159 金花忍冬
Lonicera chrysantha Turcz.

忍冬科 Caprifoliaceae
忍冬属 *Lonicera*

蒙　　名　希日 - 达邻 - 哈力苏。

别　　名　黄花忍冬。

种子形态　种子卵形，密被蜂窝状小点；大小为 3.25（3.01～3.48）mm × 2.20（2.02～2.34）mm。

种子功效　种子可榨油。

花　　期　6 月。

果　　期　9 月。

生　　境　中生耐阴灌木。生于森林带和草原带的山地阴坡杂木林下或沟谷灌丛中。

采 集 地　采自通辽市科尔沁左翼后旗等地。

160 猬实 *Kolkwitzia amabilis* Graebn.

忍冬科 Caprifoliaceae
猬实属 *Kolkwitzia*

蒙　　名　乌兰 - 宝日 - 毛都。

别　　名　美人木。

种子形态　种子呈不规则形状，表面覆盖着大量长而尖锐的刺状结构，整体形态较复杂；大小为 5.00（4.95～5.05）mm × 5.20（5.18～5.22）mm。

种子功效　种子具有一定的清热明目、解毒消肿功效，可对目赤肿痛、疮痈肿毒等起到一定的缓解作用。

花　　期　5～6 月。

果　　期　8～9 月。

生　　境　中生灌木。生于黄土高原的丘陵灌丛。

采 集 地　采自包头市昆都仑区等地。

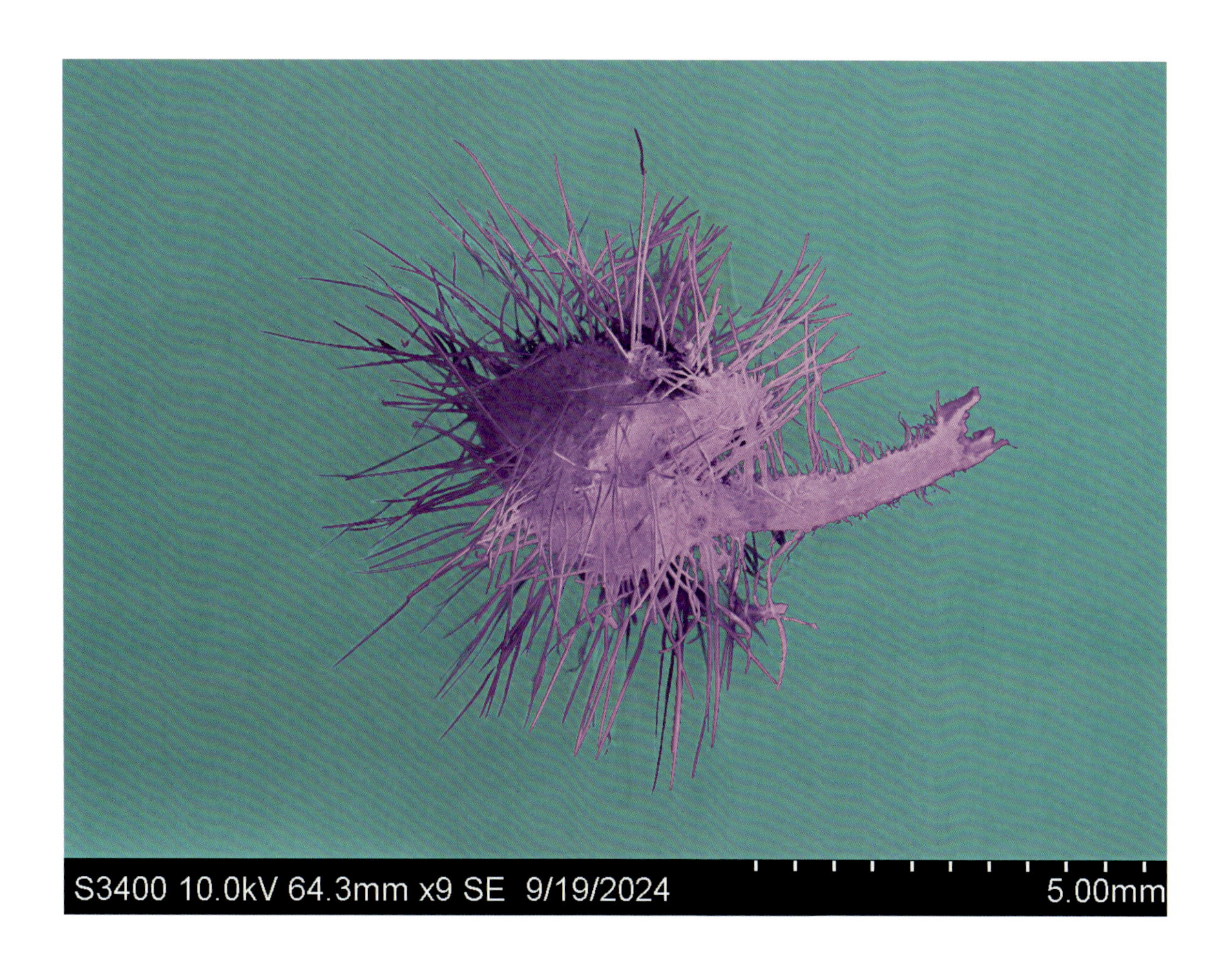

161 接骨木 *Sambucus williamsii* Hance

荚蒾科 Viburnaceae
接骨木属 *Sambucus*

蒙　　名　宝棍 - 宝拉代。
别　　名　九节风。
种子形态　种子卵圆形，有皱纹；大小为 3.29（3.01～3.45）mm × 2.23（2.04～2.43）mm。
种子功效　种子可制肥皂及工业用。
花　　期　5 月。
果　　期　9 月。
生　　境　中生灌木。生于森林带和草原带的山地灌丛、林缘、山麓。
采 集 地　采自赤峰市红山区等地。

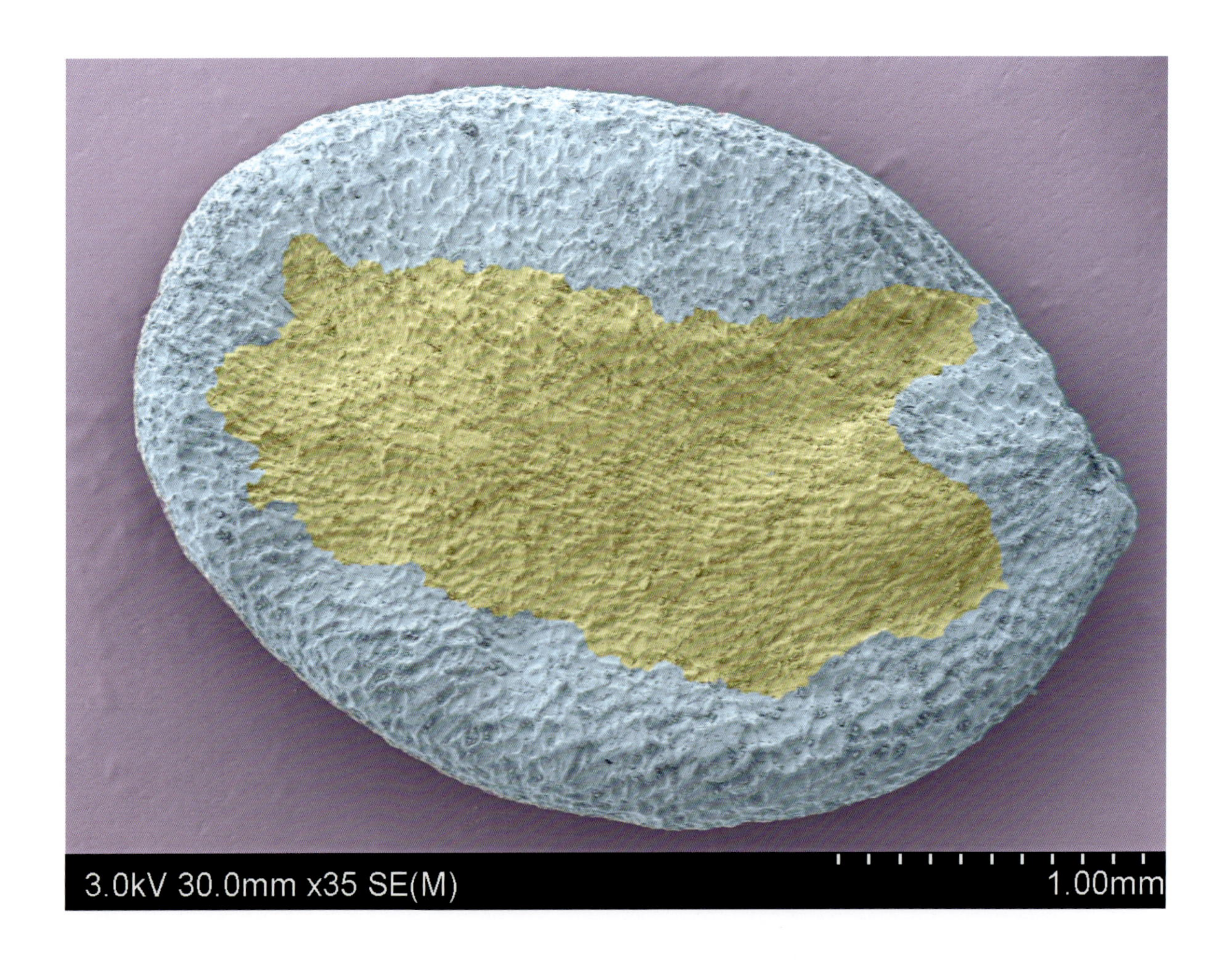

162 败酱
Patrinia scabiosifolia Fisch. ex Trevir.

忍冬科 Caprifoliaceae
败酱属 *Patrinia*

蒙　　名　色日和立格 - 其其格。

别　　名　黄花龙芽。

种子形态　种子椭圆形、扁平；大小为 2.61（2.48～2.85）mm × 1.52（1.36～1.71）mm。

种子功效　种子具有清热解毒、祛瘀排脓等功效，对治疗肠痈腹痛、热毒疮疡及产后瘀阻腹痛等有一定的作用。

花　　期　7～8 月。

果　　期　9 月。

生　　境　旱中生草本。生于森林草原带及山地的草甸草原、杂类草草甸及林缘。

采 集 地　采自赤峰市宁城县等地。

163 日本续断
Dipsacus japonicus Miq.

忍冬科 Caprifoliaceae
川续断属 *Dipsacus*

蒙　　名　扎拉嘎古日 - 温都苏。

别　　名　天目续断。

种子形态　种子呈纺锤形，表面纹理明显，具有平行的纹理结构，整体形态较光滑，边缘平整；大小为 4.82（4.80～4.85）mm × 1.40（1.38～1.42）mm。

种子功效　种子具有补肝肾、强筋骨、续折伤、止崩漏等功效，可用于治疗肝肾不足所致的腰膝酸软、风湿痹痛、跌打损伤等症。

花 果 期　7～9 月。

生　　境　中生草本。生于山地阔叶林带的山坡、路边、草坡。

采 集 地　采自赤峰市红山区等地。

164 党参
Codonopsis pilosula (Franch.) Nannf.

桔梗科 Campanulaceae
党参属 *Codonopsis*

蒙　　名　存 - 奥日呼代。

别　　名　黄参。

种子形态　种子呈椭圆形，表面光滑，边缘较为平整；大小为 631（628～632）μm × 135（133～137）μm。

种子功效　种子可以补脾益肺，改善中气不足、脾胃虚弱等症。

花　　期　7～8 月。

果　　期　8～9 月。

生　　境　中生藤本。生于阔叶林带和草原带的山地林缘、灌丛。

采 集 地　采自赤峰市松山区等地。

165 紫斑风铃草 *Campanula punctata* Lam.

桔梗科 Campanulaceae
风铃草属 *Campanula*

蒙　　名 宝日 - 哄古斤那。

别　　名 灯笼花。

种子形态 种子呈椭圆形，表面光滑，具有明显的线条纹理，边缘较平整；大小为 1.39（1.37～1.41）mm × 740（730～750）μm。

种子功效 种子可入药，能清热解毒、止痛，主治咽喉炎、头痛。

花　　期 6～8 月。

果　　期 7～9 月。

生　　境 中生草本。生于森林带和森林草原带的山地林间草甸、林缘、灌丛。

采 集 地 采自赤峰市阿鲁科尔沁旗等地。

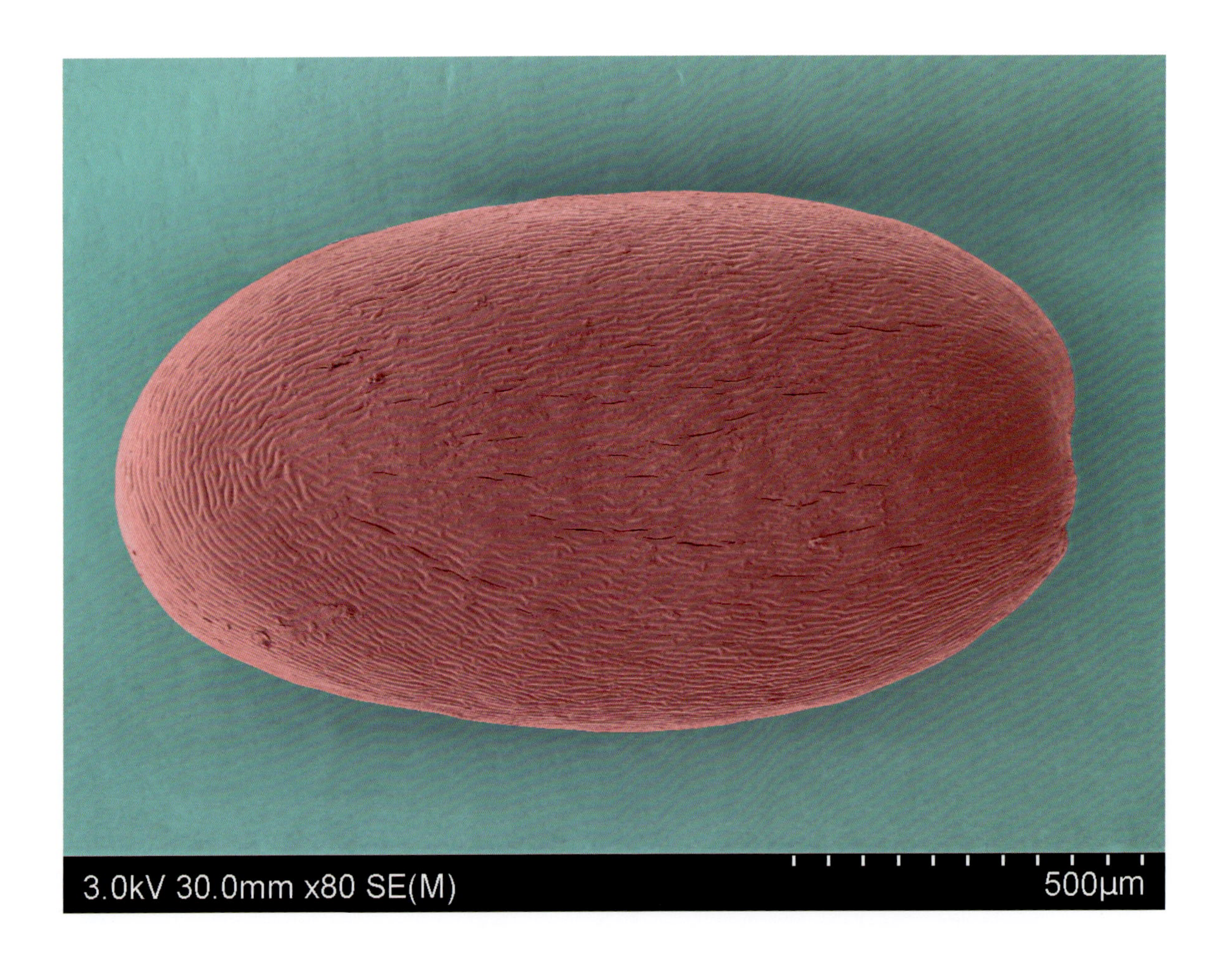

166 狭叶沙参

Adenophora gmelinii (Spreng.) Fisch.

桔梗科 Campanulaceae
沙参属 *Adenophora*

蒙　　名　那日干 - 哄呼 - 其其格。

别　　名　北方沙参。

种子形态　种子呈扁平椭圆形，表面光滑，具有细腻的纹理，边缘较为平整；大小为 1.60（1.58～1.62）mm × 910（900～920）μm。

种子功效　种子具有一定的滋补肺气、养胃生津功效，对缓解肺虚咳嗽、咽干口渴等有一定作用。

花　　期　7～9 月。

果　　期　8～10 月。

生　　境　中生草本。生于森林草原带和草原带的林缘、沟谷草甸。

采 集 地　采自赤峰市喀喇沁旗等地。

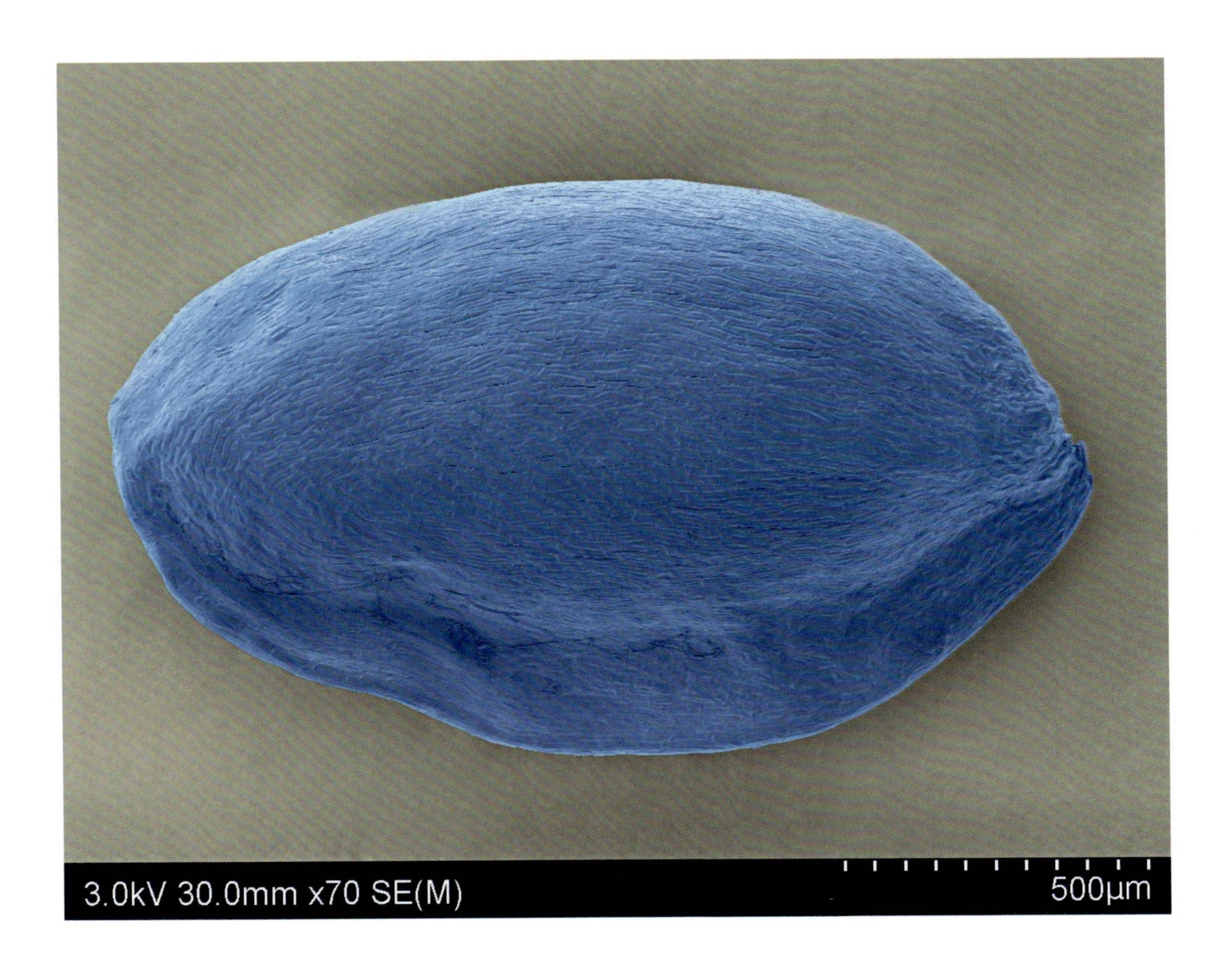

167 轮叶沙参 *Adenophora tetraphylla* (Thunb.) Fisch.

桔梗科 Campanulaceae
沙参属 *Adenophora*

蒙　　名 塔拉音 - 哄呼 - 其其格。

别　　名 南沙参。

种子形态 种子长圆状圆锥形，稍扁，有 1 条棱，并扩展出 1 条白色条带；大小为 3.95（3.74～4.16）mm × 1.23（1.03～1.31）mm。

种子功效 种子具有一定的润肺止咳、养胃生津功效，对缓解肺热燥咳、咽干口渴等有一定的作用。

花　　期 7～8 月。

果　　期 9 月。

生　　境 中生草本。生于森林带和森林草原带的山地林缘、河滩草甸、固定沙丘间草甸。

采 集 地 采自赤峰市松山区等地。

168 狗娃花
Aster hispidus Thunb.

菊科 Asteraceae
紫菀属 *Aster*

蒙　　名　布荣黑。

别　　名　狗哇花。

种子形态　种子卵圆形；大小为 1.74（1.51～1.95）mm × 904（869～927）μm。

种子功效　种子具有一定的疏风散热、解毒消肿功效，对风热感冒、疮痈肿毒等有一定的缓解作用。

花　　期　7～9 月。

果　　期　8～10 月。

生　　境　中生草本。生于森林带和草原带的山地草甸、河岸草甸、林下。

采 集 地　采自赤峰市敖汉旗等地。

169 中亚紫菀木

Asterothamnus centraliasiaticus Novopokr.

菊科 Asteraceae
紫菀木属 *Asterothamnus*

蒙　　名 拉白。

别　　名 木紫菀。

种子形态 种子呈长圆柱形，表面被毛，种子尾部具有大量丝状冠毛结构，表面质地柔软；大小为 3.33（3.14～3.46）mm × 850（835～869）μm。

种子功效 种子具有润肺、化痰、止咳等药用功效。

花 果 期 8～9 月。

生　　境 超旱生半灌木。生于荒漠草原带的砾石质地、戈壁覆沙地、石质残丘浅洼沙地、沟谷沙地。

采 集 地 采自鄂尔多斯市鄂托克旗等地。

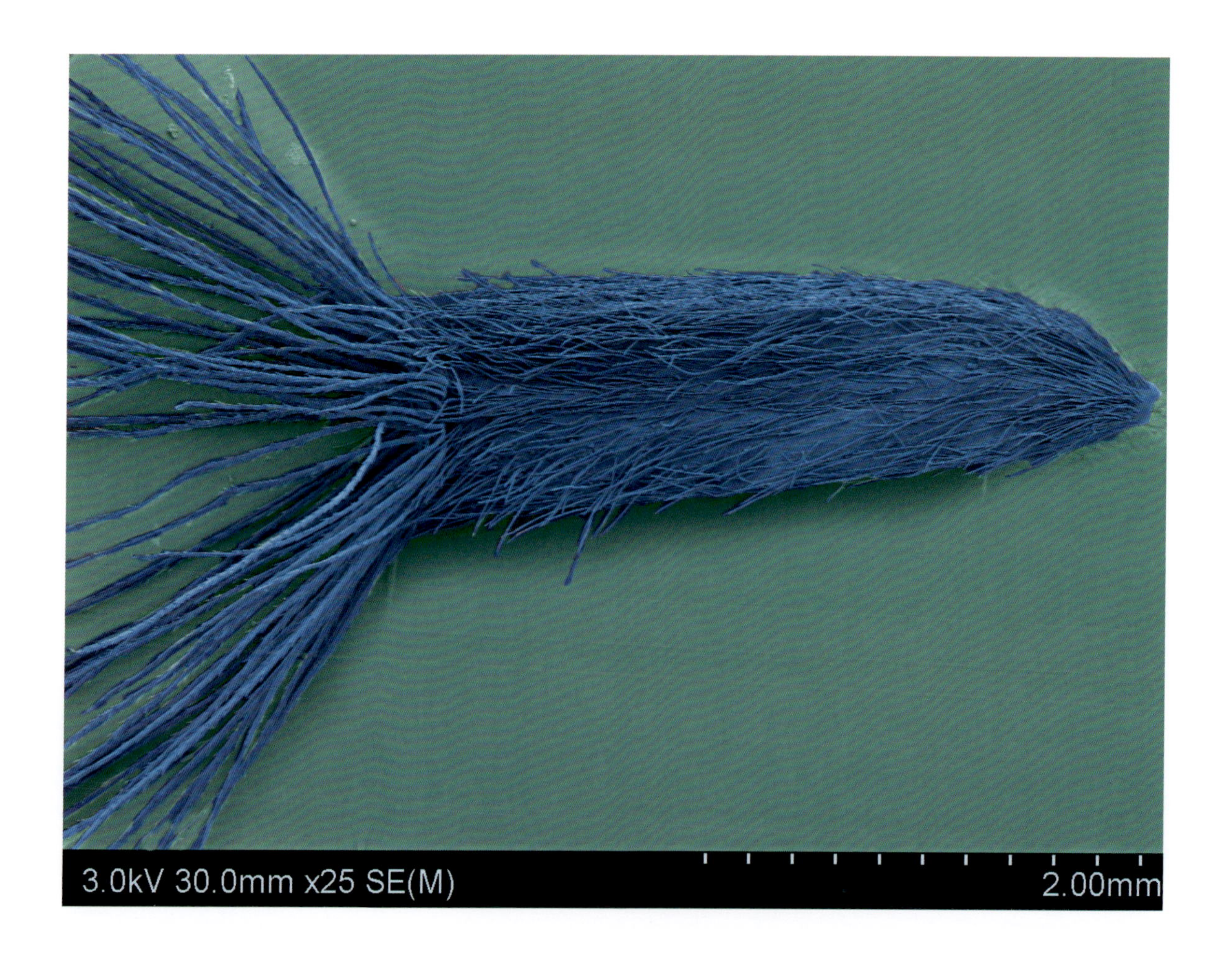

170 欧亚旋覆花 *Inula britannica* L.

菊科 Asteraceae
旋覆花属 *Inula*

蒙　　名　阿拉坦 - 导苏乐 - 其其格。

别　　名　大花旋覆花。

种子形态　种子呈长卵圆形，表面光滑，带有浅凹槽状纹理，种子一端较宽圆，另一端较尖，尾部具有明显的羽状冠毛结构，呈放射状排列；大小为 1.34（1.21～1.55）mm × 343（331～352）μm。

种子功效　种子具有一定的祛痰止咳、降气平喘、行水消肿功效。

花 果 期　7～10 月。

生　　境　中生草本。生于森林草原带和草原带的草甸、农田、地埂、路边。

采 集 地　采自呼伦贝尔市陈巴尔虎旗等地。

171 鬼针草 *Bidens pilosa* L.

菊科 Asteraceae
鬼针草属 *Bidens*

蒙　　名　哈日巴其 - 额布斯。
别　　名　婆婆针。
种子形态　种子表面具有条状凸起，一端较尖细，另一端延伸出两条刺状附属结构，整体呈修长纤细形态；大小为 4.78（4.61～4.82）mm × 770（760～782）μm。
种子功效　种子具有清热解毒、活血散瘀、消肿止痛的功效。
花 果 期　8～10 月。
生　　境　中生草本。生于草原带的田野、路边。
采 集 地　采自呼和浩特市大青山等地。

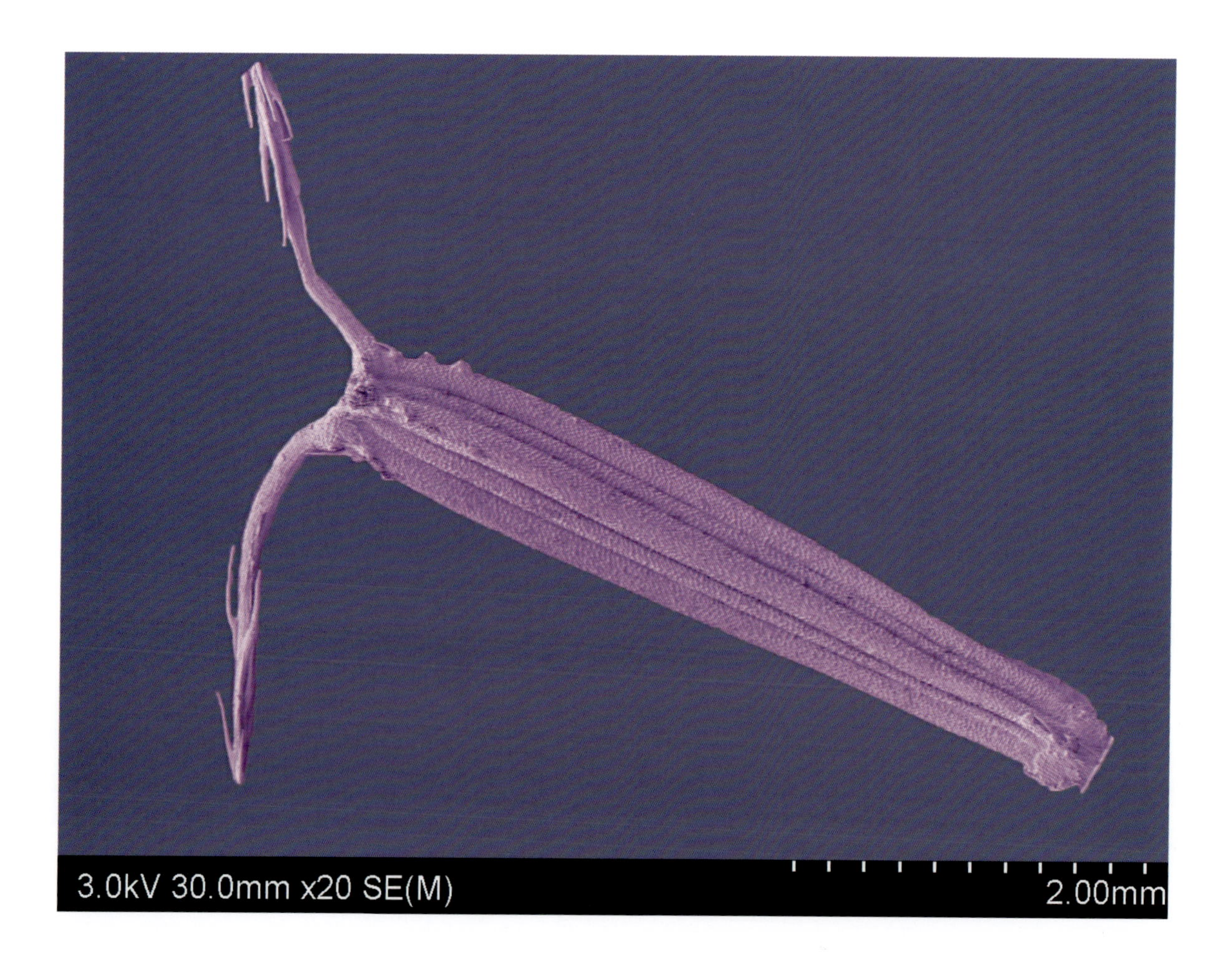

172 小花鬼针草

Bidens parviflora Willd.

菊科 Asteraceae
鬼针草属 *Bidens*

蒙　　名　吉吉格 - 哈日巴其 - 额布斯。

别　　名　一包针。

种子形态　种子表面较为光滑，边缘平整，整体形态较为细长；大小为 5.00（4.95～5.05）mm × 1.00（0.98～1.02）mm。

种子功效　种子具有清热解毒、活血散瘀、消肿止痛的功效。

花 果 期　7～9 月。

生　　境　中生草本。生于田野、路边、沟渠边。

采 集 地　采自阿拉善盟阿拉善左旗等地。

173 牛膝菊 *Galinsoga parviflora* Cav.

菊科 Asteraceae
牛膝菊属 *Galinsoga*

蒙　　名　嘎力苏干 - 额布苏。

别　　名　辣子草。

种子形态　种子呈不规则形状，表面光滑，具有明显的细长结构，边缘略显不规则；大小为 1.64（1.62～1.66）mm × 4.37（4.35～4.39）mm。

种子功效　种子可入药，能止血、消炎，可治外伤出血、扁桃体炎、急性黄疸型肝炎。

花 果 期　7～9 月。

生　　境　中生草本。常生于林下、河谷、荒野、田间及路旁。

采 集 地　采自呼伦贝尔市阿荣旗等地。

174 戈壁短舌菊
Brachanthemum gobicum Krasch.

菊科 Asteraceae
短舌菊属 *Brachanthemum*

蒙　　名　高比音 - 陶苏特。
别　　名　哈萨克短舌菊。
种子形态　种子呈纺锤形，表面具有明显的纵向条纹和浅凹槽，一端较宽且圆，另一端略尖，边缘结构较平整；大小为 2.85（2.74～2.99）mm × 989（973～997）μm。
种子功效　种子有一定疏风散热、清肝明目功效，可对风热感冒、目赤肿痛等症起到辅助调理作用。
花 果 期　8～9 月。
生　　境　超旱生半灌木。生于典型荒漠带和草原化荒漠带的砾石质戈壁、覆沙岗地。
采 集 地　采自阿拉善盟阿拉善左旗等地。

175 甘菊

Chrysanthemum lavandulifolium (Fisch. ex Trautv.) Makino

菊科 Asteraceae
菊属 *Chrysanthemum*

蒙　　名　敖木日阿特音 - 乌达巴拉。

别　　名　岩香菊。

种子形态　种子呈纺锤形，表面光滑且具有明显的纵向纹理，边缘较平整；大小为 1.15（1.13～1.17）mm × 530（520～540）μm。

种子功效　种子具有清热解毒、平肝明目、提神醒脑等功效。

花 果 期　8～10 月。

生　　境　中生草本。生于森林草原带和草原带的石质山坡、山地草甸。

采 集 地　采自通辽市科尔沁区等地。

176 紊蒿 *Elachanthemum intricatum* (Franch.) Y. Ling & Y. R. Ling

菊科 Asteraceae
紊蒿属 *Elachanthemum*

蒙　　名 希拉 - 套拉盖。

别　　名 博尔 - 图柳格。

种子形态 种子呈卵圆形至纺锤形，表面具有明显的纵向纹理和凹槽结构，一端稍宽圆，另一端略尖；大小为 1.50（1.34～1.65）mm × 686（675～396）μm。

种子功效 目前尚无明确的研究或记载。

花 果 期 9～10 月。

生　　境 中生草本。生于荒漠草原、草原化荒漠地带。

采 集 地 采自鄂尔多斯市乌审旗等地。

177 灌木亚菊
Ajania fruticulosa (Ledeb.) Poljakov

菊科 Asteraceae
亚菊属 *Ajania*

蒙　　名 宝塔力格 - 宝如乐吉。

别　　名 灌木艾菊。

种子形态 种子卵圆形，具条状裂缝；大小为 1.44（1.31～1.52）mm × 636（621～652）μm。

种子功效 种子具有一定的清热解毒、消肿止痛功效，对缓解咽喉肿痛、疮疡肿毒等有一定作用。

花 果 期 8～9 月。

生　　境 强旱生小半灌木。生于草原化荒漠带和荒漠化草原带的沙质壤土上、低山碎石间或石质坡地、石质残丘。

采 集 地 采自乌兰察布市察哈尔右翼中旗等地。

178 百花蒿

Stilpnolepis centiflora (Maxim.) Krasch.

菊科 Asteraceae
百花蒿属 *Stilpnolepis*

蒙　　名　希日 - 陶鲁盖图。

别　　名　白花蒿。

种子形态　种子表面光滑且略带微小凸起，种子整体纤细修长，一端稍宽圆，另一端稍尖，无明显附属结构；大小为 4.03（3.84～4.15）mm × 762（751～782）μm。

种子功效　种子具有祛风解表、健胃消积、活血散瘀等功效，可对感冒、食积、跌打损伤等症起到一定的辅助治疗作用。

花 果 期　9～10 月。

生　　境　一年生草本。耐干旱、耐瘠薄，生于海拔 1067～1350m 山坡干燥地和沙丘上。

采 集 地　采自呼和浩特市赛罕区等地。

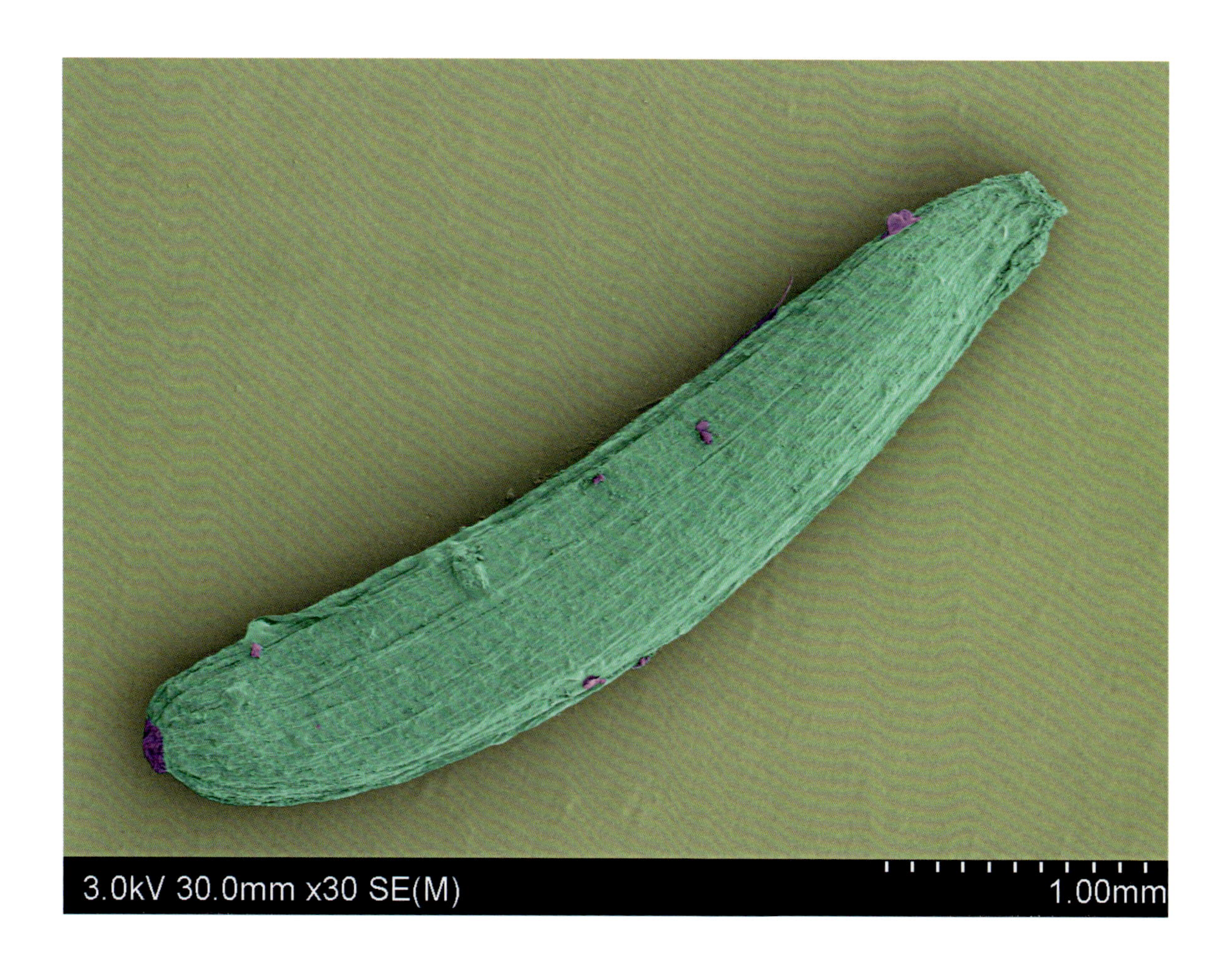

179 毛莲蒿

Artemisia vestita Wall. ex Besser

菊科 Asteraceae
蒿属 *Artemisia*

蒙　　名 矛日音 - 西巴嘎。

别　　名 万年蒿。

种子形态 种子卵圆形，表面具网状凸起；大小为 1.13（1.01～1.25）mm × 547（531～558）μm。

种子功效 种子具有一定的清热、解毒、祛风、除湿功效，可辅助缓解发热、疮疡肿毒、风湿痹痛等病症。

花 果 期 8～11 月。

生　　境 半灌木状草本或为小灌木状。见于山坡、草地、灌丛、林缘等处。

采 集 地 采自阿拉善盟阿拉善左旗等地。

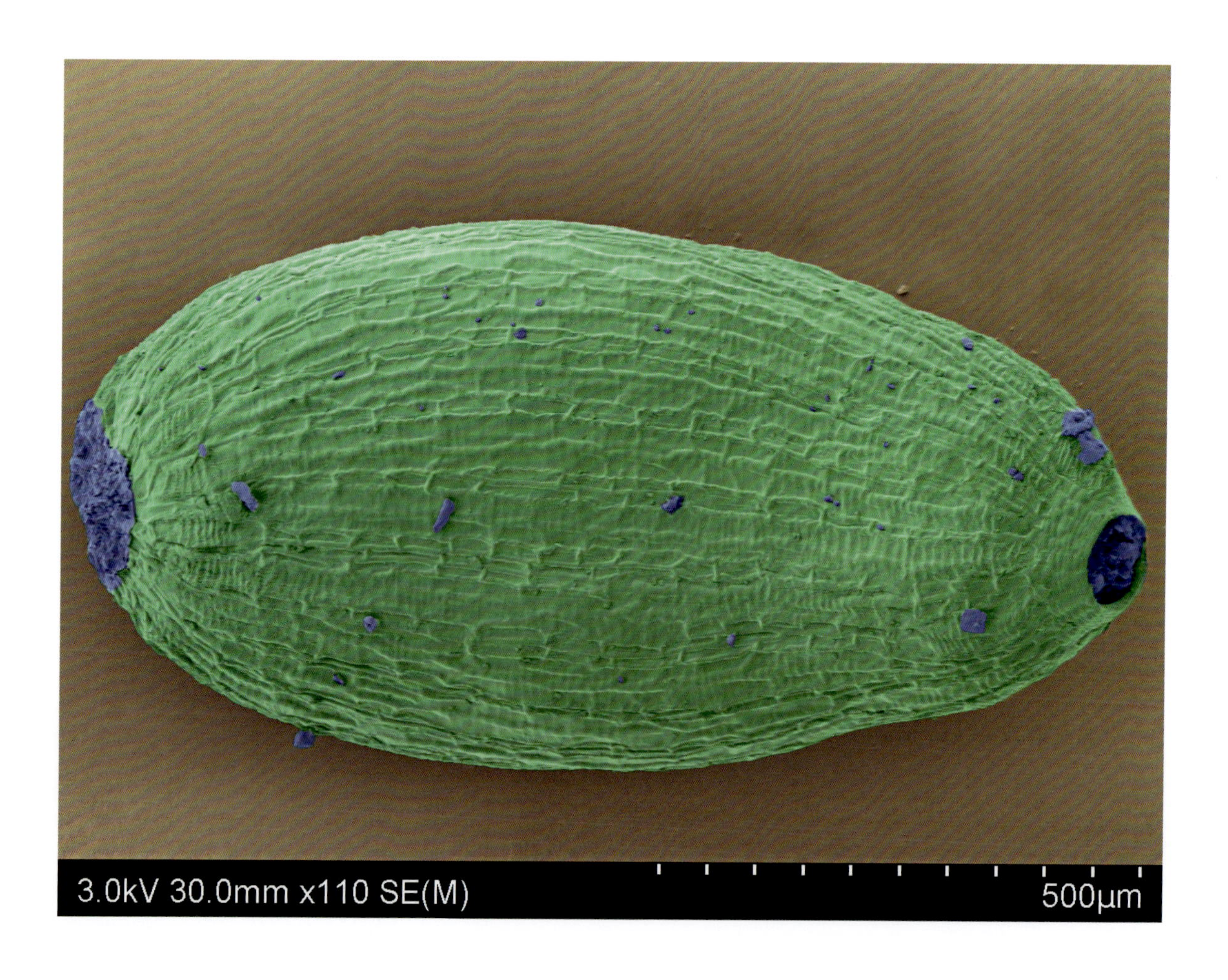

180 栉叶蒿
Neopallasia pectinata (Pall.) Poljakov

菊科 Asteraceae
栉叶蒿属 *Neopallasia*

蒙　　名　乌合日 - 希鲁黑。

别　　名　篦齿蒿。

种子形态　种子呈卵圆形，表面光滑且略带纹理，边缘平滑，一端较宽圆，另一端稍尖，无明显附属结构；大小为 1.76（1.61～1.85）mm × 982（971～995）μm。

种子功效　种子具有清热燥湿、利胆退黄的功效，对湿热黄疸、口苦肋痛等症有一定的缓解作用。

花 果 期　8～9 月。

生　　境　旱中生草本。分布极广，在干旱草原带、荒漠草原带及草原化荒漠带均有分布。

采 集 地　采自乌兰浩特市科尔沁右翼前旗等地。

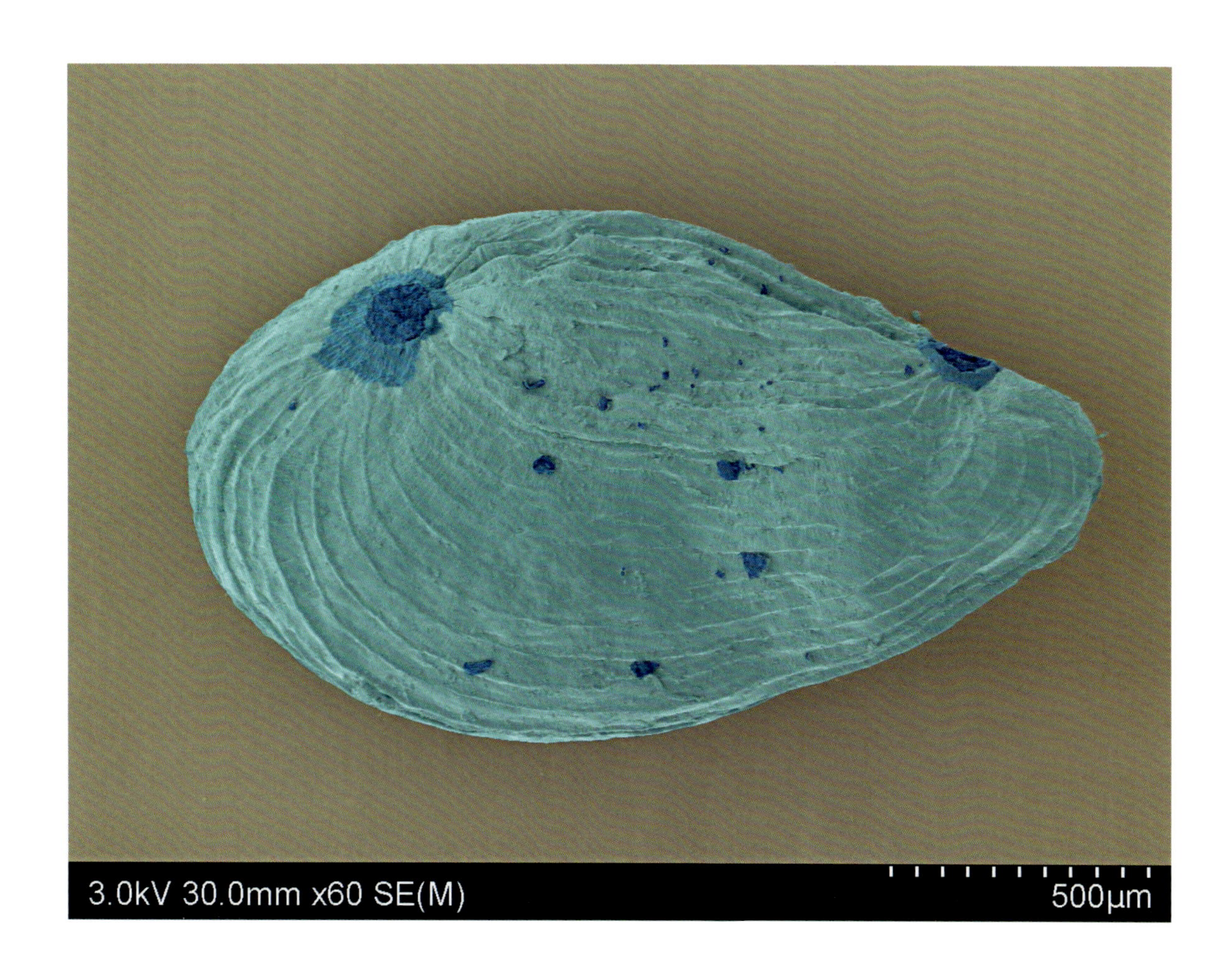

181 合耳菊
Synotis wallichii (DC.) C. Jeffrey & Y. L. Chen

菊科 Asteraceae
合耳菊属 *Synotis*

蒙　　名 希日 - 奴德格。
别　　名 翅柄千里光。
种子形态 种子表面光滑，具有细致的纵向纹理，边缘较为平整，整体形态较为细长；大小为 4.91（4.88～4.93）mm × 699（688～701）μm。
种子功效 种子有一定的清热解毒、消肿止痛功效，可对热毒疮痈、肿痛等症起到辅助改善作用。
花 果 期 7～9 月。
生　　境 中生草本。生于草原带和荒漠带的山地沟谷、林缘灌丛。
采 集 地 采自西藏当地。

182 苍术 *Atractylodes lancea* (Thunb.) DC.

菊科 Asteraceae
苍术属 *Atractylodes*

蒙　　名 侵瓦音 - 哈拉特日。

别　　名 北苍术。

种子形态 种子呈扁平椭圆形，表面较为平滑，边缘略微不规则；大小为 4.00（3.98～4.02）mm × 2.50（2.48～2.52）mm。

种子功效 种子具有燥湿健脾、祛风散寒、明目等潜在功效，可在一定程度上辅助改善湿阻中焦、脘腹胀满、风湿痹痛及目昏等症。

花 果 期 7～10 月。

生　　境 根茎状中生草本。生于夏绿阔叶林带和森林草原带的山地阳坡、半阴坡草灌丛。

采 集 地 采自呼伦贝尔市阿荣旗等地。

183 猬菊

Olgaea lomonossowii (Trautv.) Iljin

菊科 Asteraceae
猬菊属 *Olgaea*

蒙　　名　扎日阿嘎拉吉。

别　　名　蝟菊。

种子形态　种子呈近长方体，表面光滑，带有细微纹理，边缘平整，一端稍宽圆，另一端略尖，尾部无明显附属结构；大小为4.66（4.49～4.81）mm×2.11（2.01～2.22）mm。

种子功效　种子具有清热解毒、消肿止痛的功效，对痈肿疮毒、咽喉肿痛等症有一定的缓解作用。

花 果 期　6～9月。

生　　境　沙生、旱生草本。生于草原带和草原化荒漠带的砂质、砂壤质栗钙土、棕钙土、固定沙地上。

采 集 地　采自鄂尔多斯市杭锦旗等地。

184 火媒草

Olgaea leucophylla (Turcz.) Iljin

菊科 Asteraceae
猬菊属 *Olgaea*

蒙　　名　洪古日朱拉。

别　　名　鳍蓟。

种子形态　种子呈细长条形，表面较为光滑，边缘较为平整；大小为 7.00（6.98～7.02）mm × 1.10（1.08～1.12）mm。

种子功效　种子具有活血祛瘀、消肿止痛的功效，对跌打损伤、瘀血肿痛等症有一定的缓解作用。

花 果 期　6～9 月。

生　　境　沙生、旱生草本。生于草原带和草原化荒漠带的砂质、砂壤质栗钙土、固定沙地上。

采 集 地　采自锡林郭勒盟多伦县等地。

185 大刺儿菜

Cirsium arvense var. *setosum* (Willd.) Ledeb.

菊科 Asteraceae
蓟属 *Cirsium*

蒙　　名　阿古拉音 - 阿扎日干那。

别　　名　大蓟。

种子形态　种子呈近长方体，表面光滑，边缘平直且略有弧度，一端较宽圆，另一端略尖，带有细微的纹理；大小为 3.08（2.97～3.24）mm × 946（928～962）μm。

种子功效　种子可入药，能凉血、止血、消散痈肿，主治咳血、尿血、痈肿疮毒等症。

花 果 期　7～9 月。

生　　境　中生草本。生于森林草原带和草原带的退耕撂荒地上。

采 集 地　采自呼伦贝尔市陈巴尔虎旗等地。

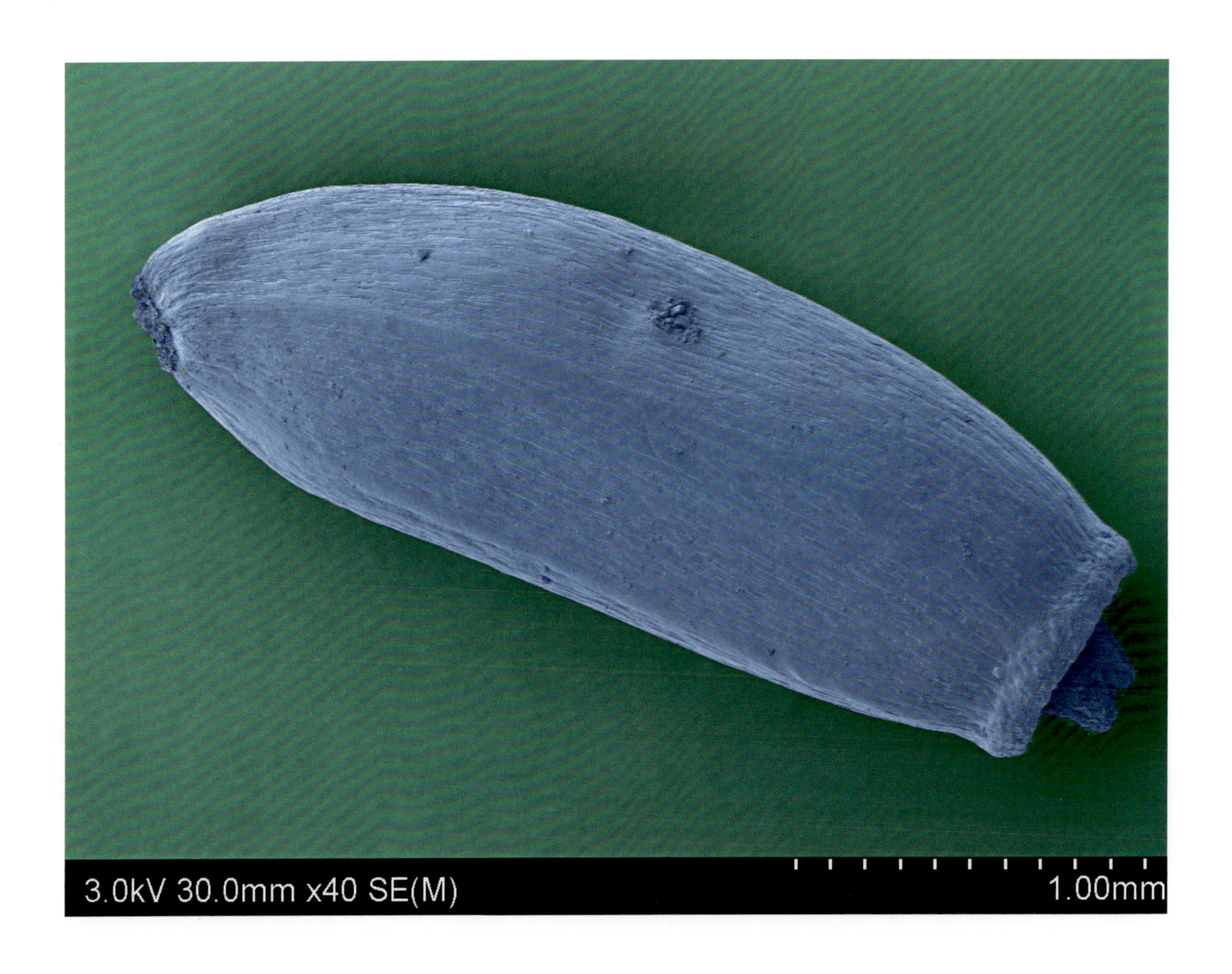

186 帚状鸦葱

Takhtajaniantha pseudodivaricata (Lipsch.) Zaika, Sukhor. & N. Kilian

菊科 Asteraceae
鸦葱属 *Takhtajaniantha*

蒙　　名　疏日利格 - 哈比斯干那。

别　　名　假叉枝鸦葱。

种子形态　种子表面光滑，边缘平整，整体纤细修长，尾部具长羽毛状冠毛结构，呈放射状排列；大小为 15.15（15.10～15.20）mm × 1.19（1.17～1.21）mm。

种子功效　种子具有清热解毒、消肿散结的功效，可对痈肿疮毒、乳痈肿痛等症起到一定的缓解作用。

花 果 期　7～8 月。

生　　境　强旱生草本。生于荒漠草原至荒漠地带的石质残丘、沙滩、田埂。

采 集 地　采自包头市九原区哈林格尔镇等地。

187 蒲公英 *Taraxacum mongolicum* Hand. -Mazz.

菊科 Asteraceae
蒲公英属 *Taraxacum*

蒙　　名　巴格巴盖 - 其其格。

别　　名　婆婆丁。

种子形态　种子呈长卵圆形，尾部具有刺状凸起，表面光滑并带有纵向纹理；大小为 3.46（3.28～3.61）mm × 854（831～863）μm。

种子功效　种子可入药，能清热解毒、利尿散结，主治急性乳腺炎、淋巴腺炎。

花 果 期　5～7 月。

生　　境　中生草本。广泛生于山坡草地、路边田野、河岸沙质地。

采 集 地　采自呼和浩特市和林格尔县等地。

188 还阳参

Crepis rigescens Diels

菊科 Asteraceae
还阳参属 *Crepis*

蒙　　名　宝黑 - 额布斯。

别　　名　北方还阳参。

种子形态　种子呈纺锤形，表面有规则的凹陷，带有纵向条纹，一端略尖，另一端较宽；大小为 4.79（4.67～4.91）mm × 744（731～763）μm。

种子功效　种子可入药，能益气、止咳平喘、清热降火，主治支气管炎、肺结核。

花 果 期　6～7 月。

生　　境　中旱生草本。常生于典型草原和荒漠草原带的丘陵沙砾质坡地、田边、路旁。

采 集 地　采自巴彦淖尔市五原县等地。

189 东方泽泻
Alisma orientale (Samuel) Juz.

泽泻科 Alismataceae
泽泻属 *Alisma*

蒙　　名　奥存 - 图如。

别　　名　水白菜。

种子形态　种子呈不规则形状，表面较为平滑，具有一些微小的凹陷，边缘较不规则；大小为 2.25（2.23～2.27）mm × 1.74（1.72～1.76）mm。

种子功效　种子具有利水渗湿、泄热通淋的功效，可辅助治疗小便不利、水肿胀满、泄泻尿少及热淋涩痛等症。

花　　期　6～7 月。

果　　期　8～9 月。

生　　境　水生草本。生于沼泽。

采 集 地　采自通辽市开鲁县等地。

190 硬质早熟禾
Poa sphondylodes Trin.

禾本科 Poaceae
早熟禾属 *Poa*

蒙　　名 疏如棍 - 柏页力格 - 额布苏。

别　　名 基隆早熟禾。

种子形态 种子表面光滑，有种皮包被，种皮上附着细小分枝状结构；大小为 2.56（2.43～2.68）mm × 555（536～571）μm。

种子功效 种子可供牲畜食用。

花　　期 6 月。

果　　期 7 月。

生　　境 旱生禾草。生于森林带和草原带及荒漠带的山地、沙地、草原、草甸、盐化草甸。

采 集 地 采自锡林郭勒盟乌拉盖管理区等地。

191 无芒雀麦 *Bromus inermis* Leyss.

禾本科 Poaceae
雀麦属 *Bromus*

蒙　　名　苏日归 - 扫高布日。

别　　名　禾萱草。

种子形态　种子表面光滑，具有明显的裂纹和尖锐的边缘，整体形态较为细长；大小为 2.91（2.88～2.94）mm × 1.19（1.17～1.21）mm。

种子功效　种子可供牲畜食用。

花　　期　7～8 月。

果　　期　8～9 月。

生　　境　中生禾草。常生于草甸、林缘、山间谷地、河畔、路旁、沙丘间草地。

采 集 地　采自锡林郭勒盟阿巴嘎旗等地。

192 披碱草 *Elymus dahuricus* Turcz.

禾本科 Poaceae
披碱草属 *Elymus*

蒙　　名　扎巴干 - 黑雅嘎。

别　　名　直穗大麦草。

种子形态　种子呈纺锤状，表面光滑，分布有微小凸起腺体，种子一端较圆，另一端稍尖，整体表面具有细微纹理；大小为 1.18（1.03～1.31）mm × 485（472～499）μm。

种子功效　种子具有清热凉血、解毒止痛的功效，对温热病、血热妄行所致的多种症状以及一些疮疡肿毒疼痛等有一定的缓解与辅助调理作用。

花 果 期　7～9 月。

生　　境　中生大型疏丛禾草。生于河谷草甸、轻度盐化草甸、芨芨草盐化草甸、田野、山坡、路边。

采 集 地　采自呼和浩特市大青山等地。

193 大针茅 *Stipa grandis* P. A. Smirn.

禾本科 Poaceae
针茅属 *Stipa*

蒙　　名 黑拉干那。

种子形态 种子呈细长针状，表面较为光滑，略带纤维状纹理，末端逐渐收尖；大小为 12.1（11.86～12.25）mm × 500（450～550）μm。

种子功效 种子具有一定的清热凉血、止血功效，可辅助缓解血热妄行导致的出血等症状。

花 果 期 7～8 月。

生　　境 旱生丛生禾草。亚洲中部草原区特有的典型草原建群种。

采 集 地 采自锡林浩特市毛登牧场等地。

194 小针茅

Stipa klemenzii Roshev.

禾本科 Poaceae
针茅属 *Stipa*

蒙　　名　吉吉格 - 黑拉干那。
别　　名　锥子草。
种子形态　种子呈细纺锤状；大小为 6.10（5.94～6.23）mm × 774（761～783）μm。
种子功效　种子具有一定的清热凉血、止血功效，可辅助缓解血热妄行导致的出血等症状。
花 果 期　6～7 月。
生　　境　旱生丛生禾草。亚洲荒漠化草原区特有的典型草原建群种。
采 集 地　采自乌兰察布市四子王旗杜尔伯特草原等地。

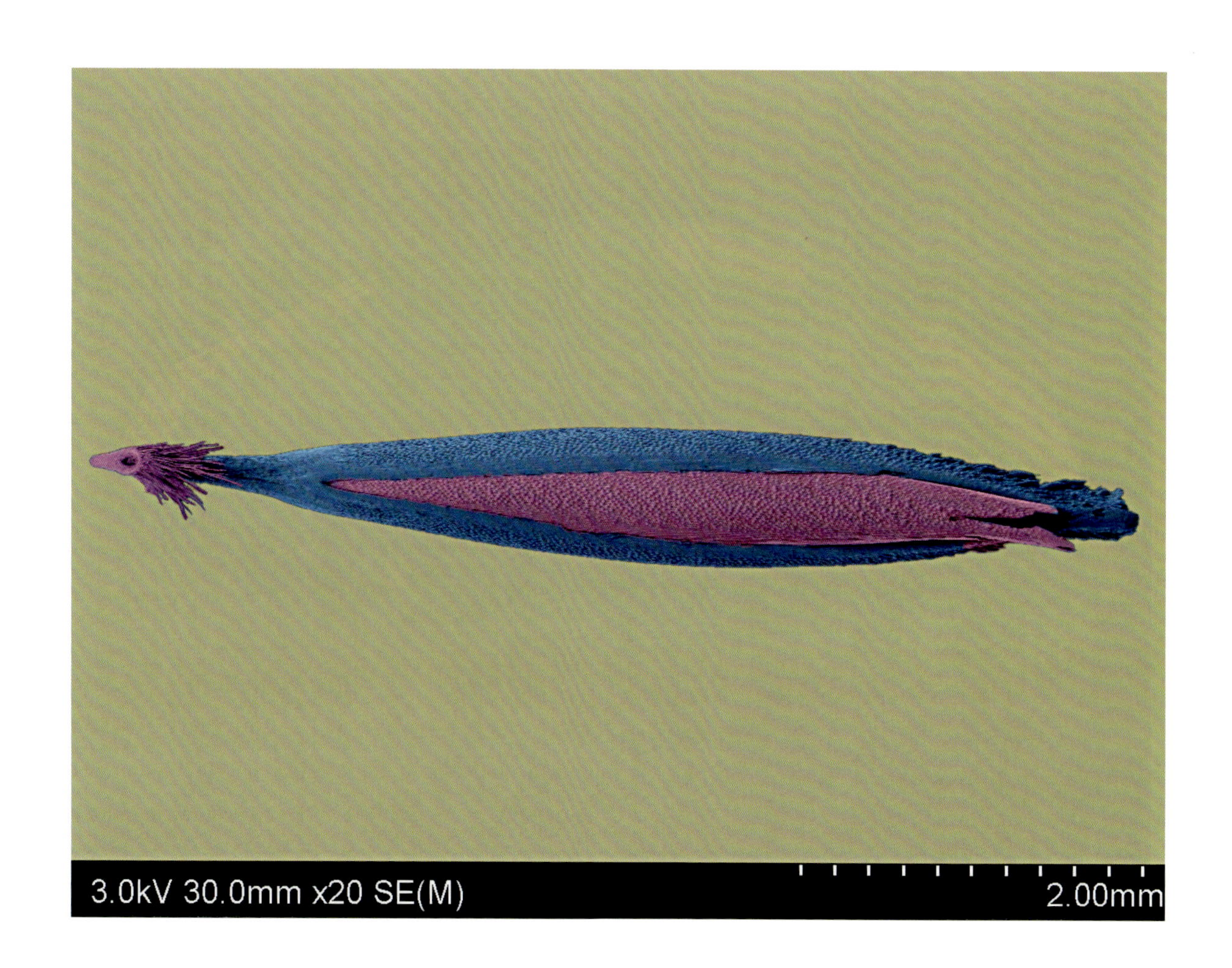

195 戈壁针茅 *Stipa tianschanica* var. *gobica* (Roshev.) P. C. Kuo & Y. H. Sun

禾本科 Poaceae
针茅属 *Stipa*

蒙　　名　高壁音 - 黑拉干那。

别　　名　天山针茅。

种子形态　种子呈细长针状，表面较光滑，略带纤维状纹理；大小为 9.60（9.55～9.65）mm × 600（550～650）μm。

种子功效　种子具有清热止血的功效，对缓解血热引起的出血症状有一定辅助作用。

花 果 期　6～7 月。

生　　境　旱生丛生小型禾草。干旱、半干旱地区山地、丘陵砾石草原的建群种，也见于草原区石质丘陵的顶部。

采 集 地　采自锡林郭勒盟多伦县等地。

196 芨芨草
Neotrinia splendens (Trin.) M. Nobis, P. D. Gudkova & A. Nowak

禾本科 Poaceae
芨芨草属 *Neotrinia*

蒙　　名　德日苏。

别　　名　积机草。

种子形态　种子呈纺锤状，种皮被稀疏茸毛；大小为 3.99（3.78～4.12）mm × 755（735～772）μm。

种子功效　种子可入药，能清热利尿，主治尿路感染、小便不利、尿闭。

花 果 期　6～9 月。

生　　境　高大旱中生丛生耐盐禾草。生于草原带和荒漠带的盐化低地、湖盆边缘、丘间低地、干河床、阶地、侵蚀洼地、低山丘坡等地。

采 集 地　采自鄂尔多斯市鄂托克旗等地。

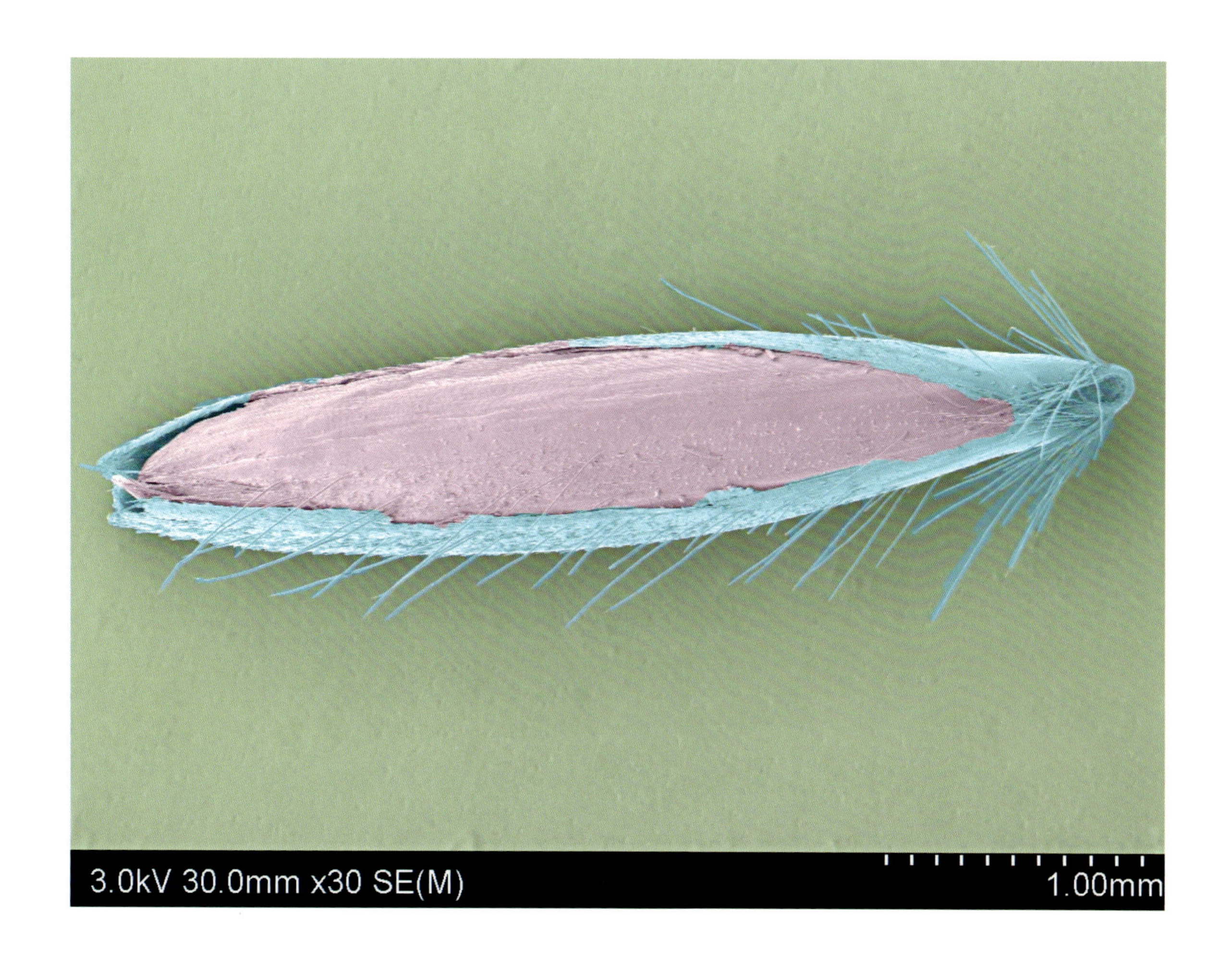

197 荻

Miscanthus sacchariflorus (Maxim.) Benth. & Hook. f. ex Franch.

禾本科 Poaceae
芒属 *Miscanthus*

蒙　　名　乌也图 - 查干。

别　　名　荠草。

种子形态　种子呈纺锤状，表面光滑，分布有微小凸起腺体，一端尖细，一端宽圆；大小为 3.85（3.78～3.94）mm × 861（851～869）μm。

种子功效　种子具有解毒消肿、散瘀止痛的功效，对痈肿疮毒、跌打损伤等有一定的缓解作用。

花　　期　8～9 月。

果　　期　9～11 月。

生　　境　高大中生禾草。生于草原带的河岸湿地、沼泽草甸、山坡草地。

采 集 地　采自通辽市科尔沁区等地。

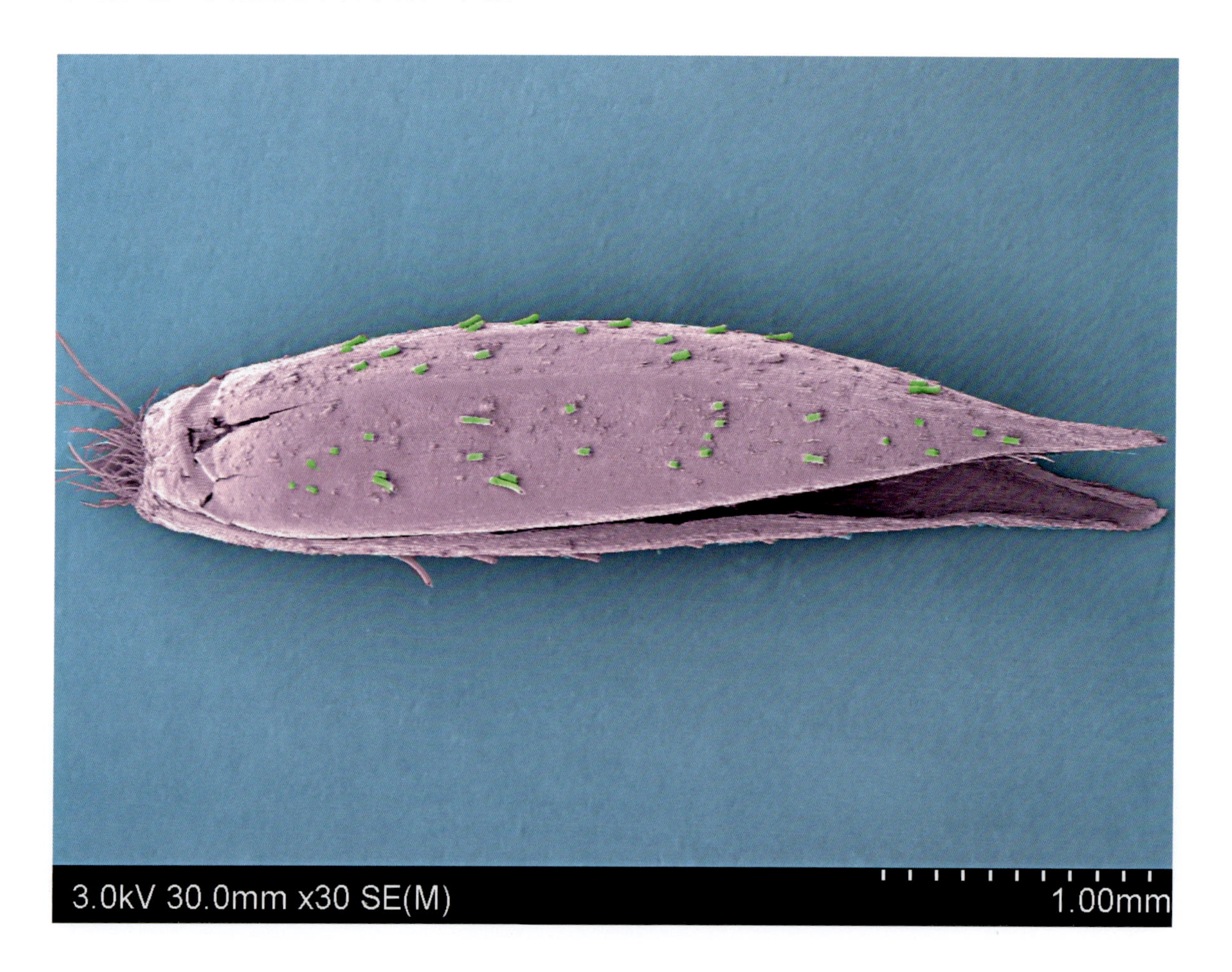

198 白茅

Imperata cylindrica (L.) P. Beauv.

禾本科 Poaceae
白茅属 *Imperata*

蒙　　名　乌拉休吉。
别　　名　茅根。
种子形态　种子呈羽毛状结构，四周延伸出多条纤细的枝条，呈放射状分布；大小为 10.00（9.95～10.05）mm × 7.00（6.95～7.05）mm。
种子功效　种子具有凉血止血、清热利尿的功效，可用于缓解血热出血及热淋涩痛等症状。
花 果 期　7～9 月。
生　　境　中生禾草。生于草原带的路旁、撂荒地、山坡、草甸、沙地。
采 集 地　采自通辽市西辽河流域等地。

199 扁秆荆三棱

Bolboschoenus planiculmis (F. Schmidt) T. V. Egorova

莎草科 Cyperaceae
三棱草属 *Bolboschoenus*

蒙　　名　哈布塔盖 - 塔巴牙。

别　　名　水莎草。

种子形态　种子呈水滴状，表面光滑略带纹理，顶部圆润，底部逐渐收尖；大小为 3.32（3.30～3.34）mm × 2.52（2.50～2.54）mm。

种子功效　种子具有行气消食、健脾开胃的功效，可帮助改善消化不良等症状。

花 果 期　7～9 月。

生　　境　湿生草本。生于森林草原区和草原区的浅水沼泽、沼泽草甸。

采 集 地　采自锡林郭勒盟正镶白旗等地。

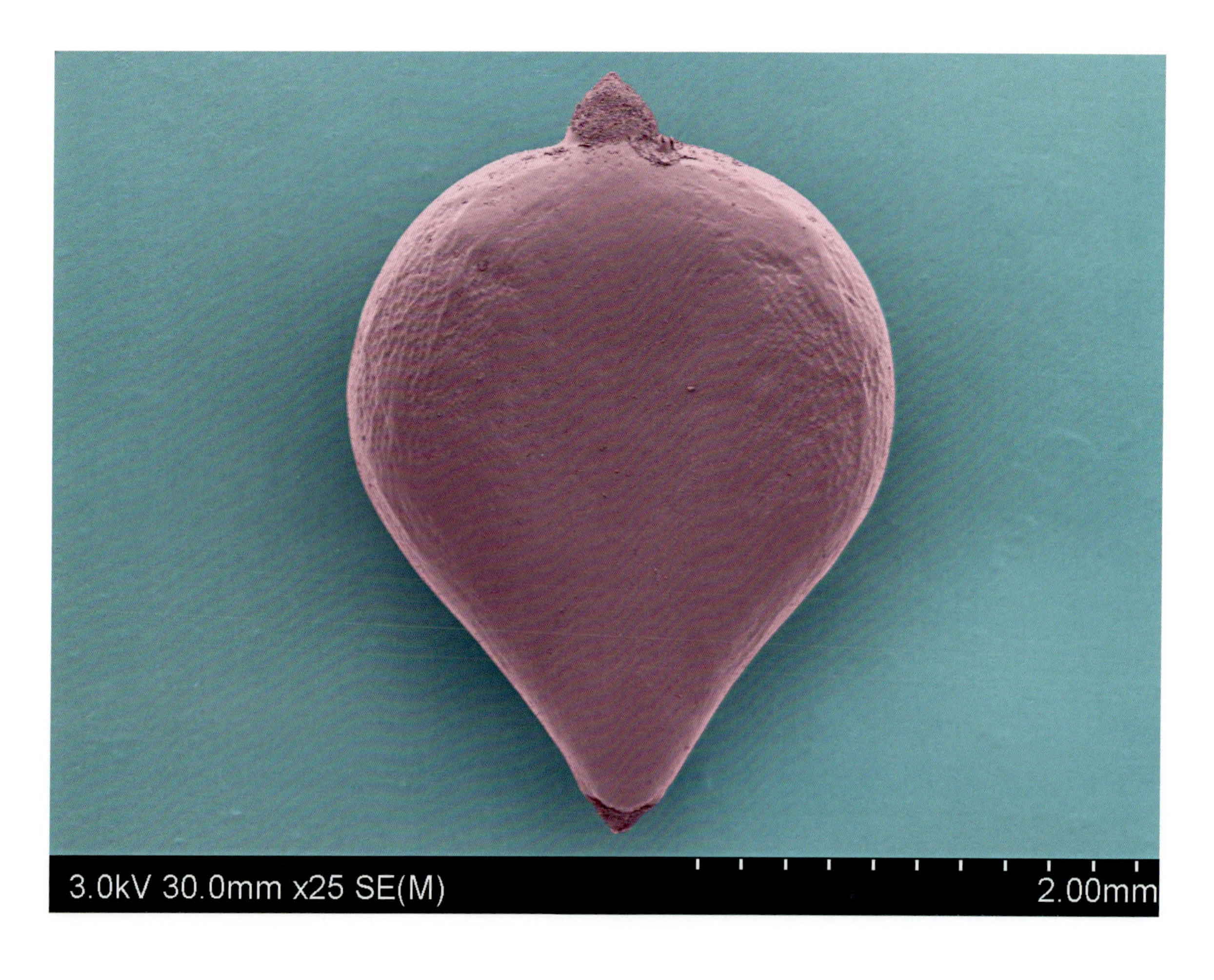

200 鸭跖草
Commelina communis L.

鸭跖草科 Commelinaceae
鸭跖草属 *Commelina*

蒙　　名　努古存 - 塔布格。

别　　名　淡竹叶。

种子形态　种子整体呈不规则卵形或椭圆形，边缘略显波状且不平整，表面粗糙，覆盖颗粒状和不规则的疏松结构；大小为 2.68（2.61～2.75）mm × 1.83（1.81～1.95）mm。

种子功效　种子具有清热泻火、解毒消肿、利水通淋的功效，可辅助缓解热病烦渴、咽喉肿痛、水肿尿少及热淋涩痛等症状。

花 果 期　7～9 月。

生　　境　湿中生草本。生于夏绿阔叶林带的山谷溪边林下、山坡阴湿处、田边。

采 集 地　采自呼伦贝尔市阿荣旗等地。

201 扁茎灯芯草 *Juncus gracillimus* (Buchenau) V. I. Krecz. & Gontsch.

灯芯草科 Juncaceae
灯芯草属 *Juncus*

蒙　　名 那林 - 高乐 - 额布苏。

别　　名 细灯芯草。

种子形态 种子呈纺锤状椭圆形，表面具显著纵向棱脊，沿长轴分布，近端逐渐收尖，顶端稍显钝圆；大小为 2.26（2.25～2.27）mm × 1.12（1.11～1.13）mm。

种子功效 种子具有清热、通淋、利尿等功效，可对小便不利、热淋涩痛等泌尿系统不适起到一定的改善作用。

花 果 期 6～8 月。

生　　境 湿生草本。生于河边、沼泽化草甸、沼泽。

采 集 地 采自锡林郭勒盟阿巴嘎旗等地。

202 茖葱

Allium ochotense Prokh.

石蒜科 Amaryllidaceae
葱属 *Allium*

蒙　　名　哈力牙日。

别　　名　鹿耳葱。

种子形态　种子呈长椭圆形，表面有明显的棱线和褶皱；大小为 3.95（3.94～3.96）mm × 1.88（1.87～1.89）mm。

种子功效　种子具有散瘀、止血、解毒的功效，可在一定程度上辅助治疗跌打损伤、瘀血肿痛及疮痈肿毒等病症。

花 果 期　6～7 月。

生　　境　中生草本。生于山地阔叶林下、林缘、林间草甸。

采 集 地　采自赤峰市宁城县等地。

203 野韭
Allium ramosum L.

石蒜科 Amaryllidaceae
葱属 *Allium*

蒙　　名　哲日勒格 - 高戈得。

别　　名　山韭菜。

种子形态　种子近圆形，种皮褶皱或有开裂；大小为 2.87（2.74～2.97）mm × 2.10（1.94～2.23）mm。

种子功效　种子具有温肾助阳、固精止遗的功效，可对肾阳不足所致的腰膝酸软、阳痿遗精等症有一定辅助改善作用。

花 果 期　7～9 月。

生　　境　中旱生草本。生于森林带和草原带的草原砾石质坡地、草甸草原、草原化草甸群落中。

采 集 地　采自通辽市奈曼旗等地。

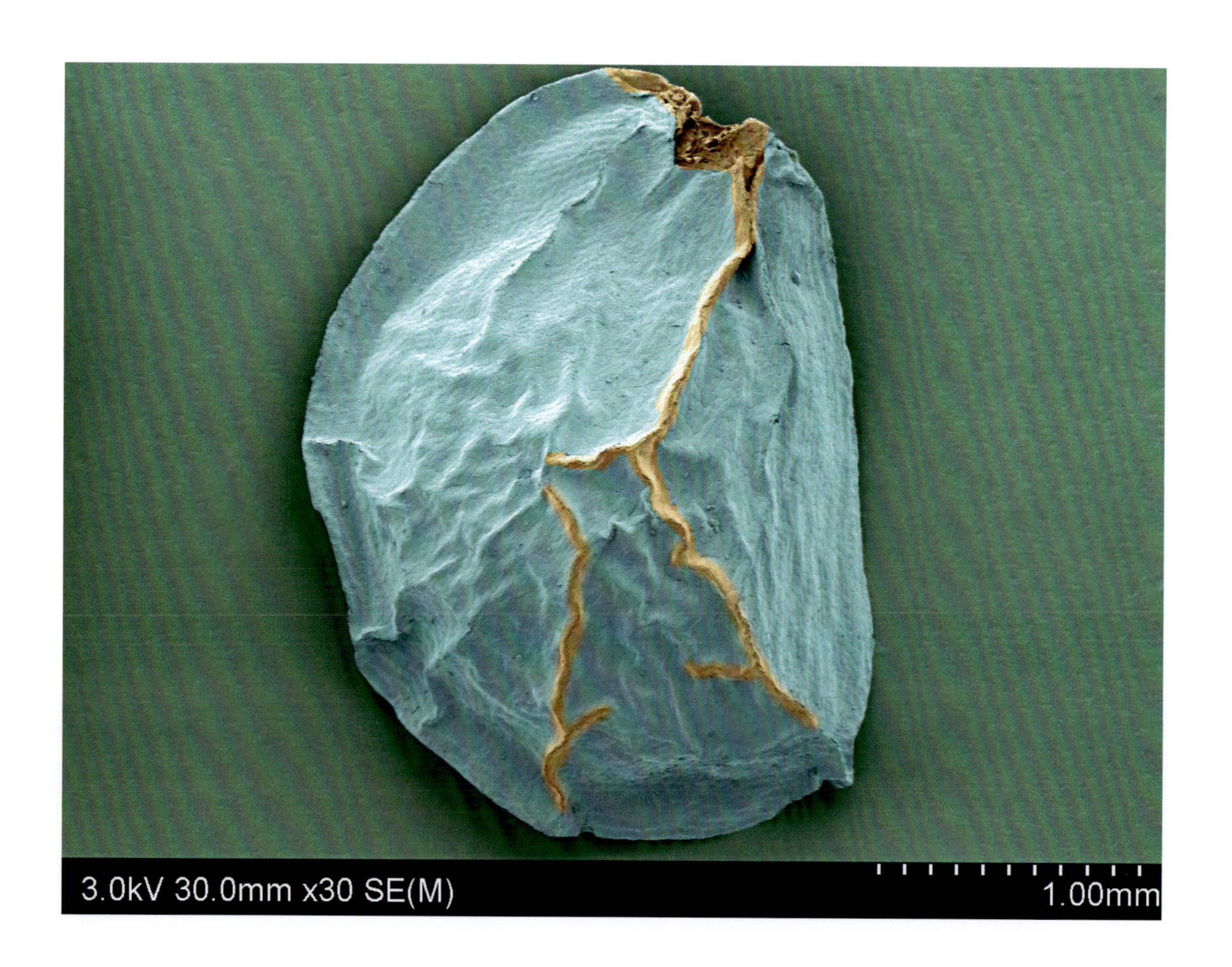

204 蒙古韭 *Allium mongolicum* Regel

石蒜科 Amaryllidaceae
葱属 *Allium*

蒙　　名　呼木乐。

别　　名　蒙古葱。

种子形态　种子呈扁平状卵圆形；大小为 2.61（2.49～2.69）mm × 1.03（0.94～1.13）mm。

种子功效　种子具有开胃消食、补肾壮阳、通便利尿的功效，可对消化不良、肾阳虚衰及便秘等情况起到一定的调理作用。

花 果 期　7～9 月。

生　　境　中旱生草本。生于森林带和草原带的草原砾石质坡地、草甸草原、草原化草甸群落中。

采 集 地　采自赤峰市赛罕乌拉自然保护区等地。

205 碱韭

Allium polyrhizum Turcz. ex Regel

石蒜科 Amaryllidaceae
葱属 *Allium*

蒙　　名　塔干那。

别　　名　碱葱。

种子形态　种子近圆形或肾形；大小为 2.67（2.58～2.74）mm × 1.66（1.58～1.74）mm。

种子功效　种子具有温中行气、散瘀消肿的功效，对胃脘冷痛、瘀血肿痛等症有一定的辅助缓解作用。

花 果 期　7～8 月。

生　　境　强旱生草本。生于荒漠带、荒漠草原带、半荒漠及草原带的壤质、砂壤质棕钙土、淡栗钙土及石质残丘坡地上。

采 集 地　采自乌兰察布市四子王旗等地。

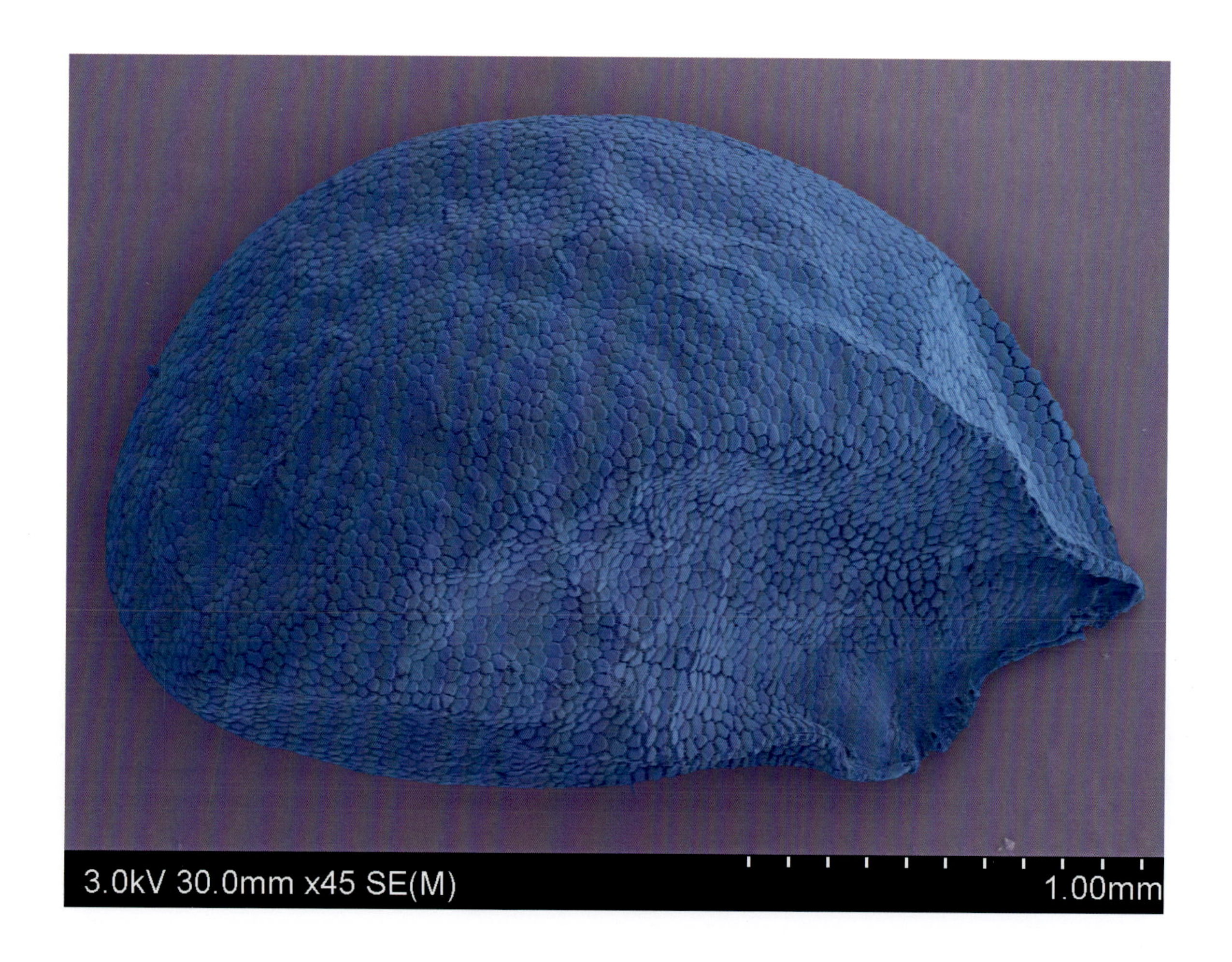

206 贺兰韭

Allium eduardii Stearn

石蒜科 Amaryllidaceae
葱属 *Allium*

蒙　　名　当给日。

别　　名　贺兰葱。

种子形态　种子近圆形或肾形，表面有细小的点状纹路且排列规则；大小为 2.34（2.28～2.44）mm × 1.92（1.78～2.06）mm。

种子功效　种子具有一定的温中健脾、行气散瘀功效，可对脾胃虚寒、脘腹冷痛及瘀血阻滞等症起到一定的调理作用。

花 果 期　7～8 月。

生　　境　中生草本。生于草原带的山地石缝。

采 集 地　采自巴彦淖尔市磴口县等地。

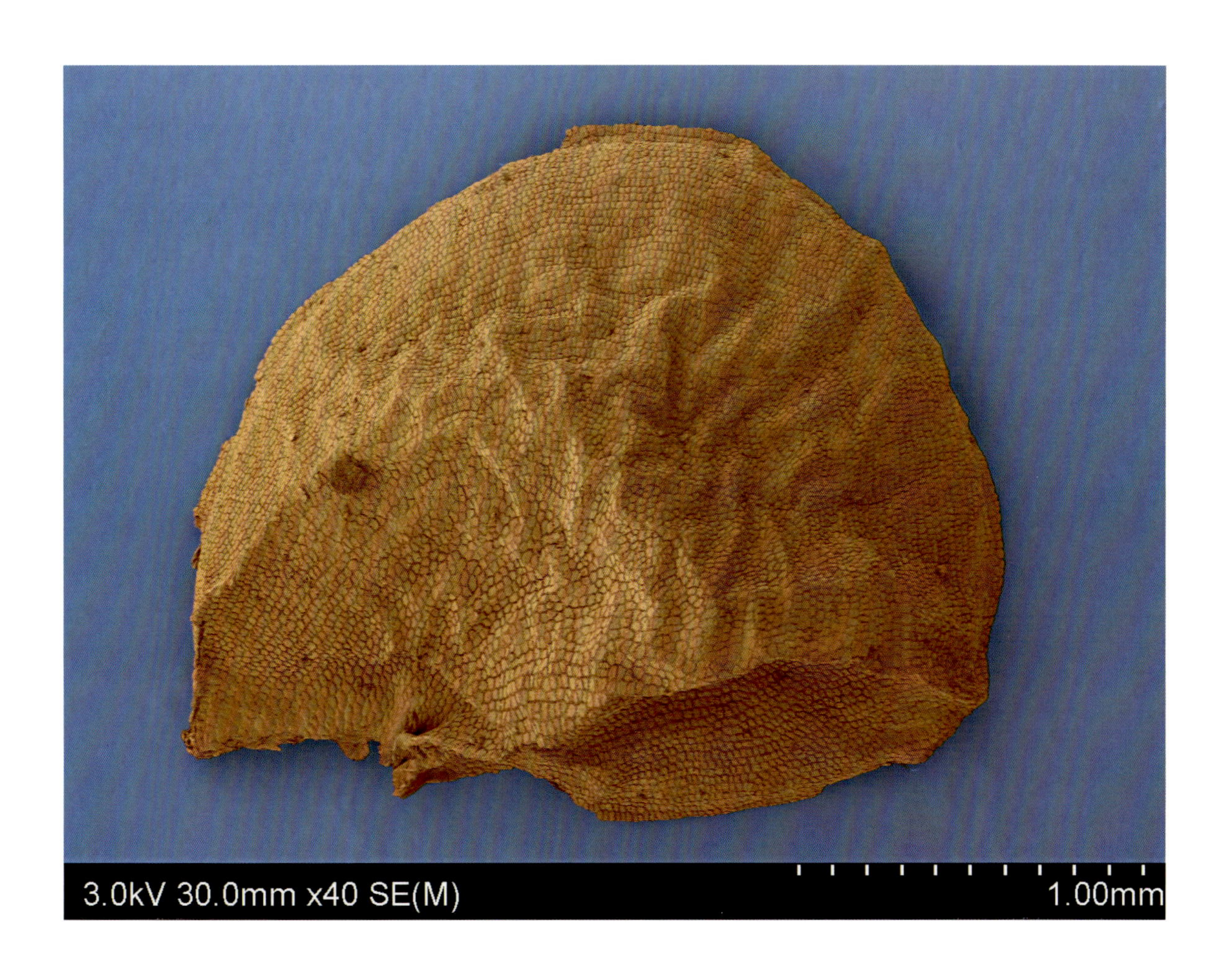

207 细叶百合 *Lilium pumilum* Redouté

百合科 Liliaceae
百合属 *Lilium*

蒙　　名 萨日阿楞。

别　　名 山丹。

种子形态 种子呈不规则扁三角形或贝壳状，质地坚硬，表面粗糙且具波状纹理，内部结构具有裂纹，边缘带有轻微裂纹；大小为 5.66（5.65～5.87）mm × 4.56（4.55～4.57）mm。

种子功效 种子具有润肺止咳、宁心安神的功效，对肺虚久咳、失眠多梦等症有一定的调理作用。

花　　期 7～8 月。

果　　期 9～10 月。

生　　境 中生草本。生于森林带和草原带的山地灌丛、草甸、林缘、草甸草原。

采 集 地 采自呼伦贝尔市新巴尔虎左旗等地。

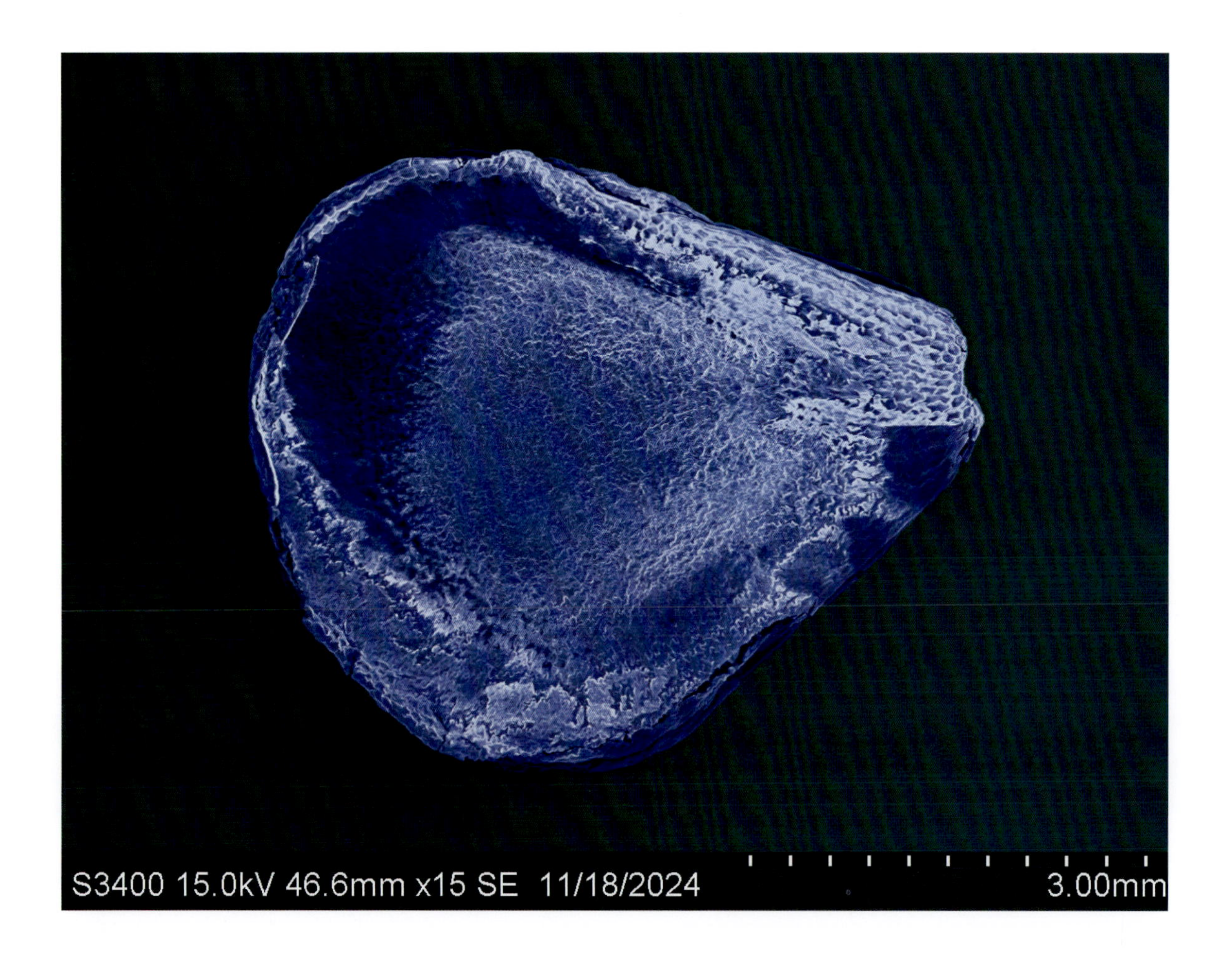

208 小黄花菜 *Hemerocallis minor* Mill.

阿福花科 Asphodelaceae
萱草属 *Hemerocallis*

蒙　　名 哲日利格 - 西日 - 其其格。

别　　名 萱草。

种子形态 种子呈偏椭圆形或三角状卵形，质地坚硬，表面浅棕黄色，凹凸不平，顶部有浅痕，边缘稍显不规则；大小为 4.99（4.98～5.00）mm × 4.08（4.07～4.09）mm。

种子功效 种子具有清热利湿、凉血止血、解毒消肿的功效，可辅助缓解湿热黄疸、血热出血及疮疡肿毒等症。

花　　期 6～7 月。

果　　期 7～8 月。

生　　境 中生草本。生于森林带和草原带的山地草原、林缘、灌丛。

采 集 地 采自通辽市科尔沁区等地。

209 兴安天门冬 *Asparagus dauricus* Link

天门冬科 Asparagaceae
天门冬属 *Asparagus*

蒙　　名　兴安乃 - 和日音 - 努都。

别　　名　山天冬。

种子形态　种子呈卵圆形；大小为 3.90（3.76～3.99）mm × 2.62（2.47～2.78）mm。

种子功效　种子具有滋阴润燥、清肺降火、润肠通便的功效，对阴虚肺燥、肠燥便秘等症有一定的调理作用。

花　　期　6～7 月。

果　　期　7～8 月。

生　　境　中旱生草本。生于草原带的林缘、草甸草原、干燥的石质山坡。

采 集 地　采自呼伦贝尔市海拉尔区等地。

210 玉竹 *Polygonatum odoratum* (Mill.) Druce

天门冬科 Asparagaceae
黄精属 *Polygonatum*

蒙　　名 冒呼日 - 查干。

别　　名 萎蕤。

种子形态 种子整体呈圆形，质地坚硬，表面光滑，无明显皱褶，种皮顶部带有微小的凹痕；大小为 3.62（3.61～3.63）mm × 3.11（3.10～3.12）mm。

种子功效 种子具有滋阴润肺、养胃生津的功效，对肺胃阴虚所致的燥咳、咽干口渴等症有一定的缓解作用。

花　　期 6 月。

果　　期 7～8 月。

生　　境 中生草本。生于森林带和草原带的山地林下、林缘、灌丛、山地草甸。

采 集 地 采自兴安盟突泉县等地。

211 黄精 *Polygonatum sibiricum* Redouté

天门冬科 Asparagaceae
黄精属 *Polygonatum*

蒙　　名 西伯日 - 冒呼日 - 查干。

别　　名 鸡头黄精。

种子形态 种子呈椭圆形，表面粗糙且边缘具有明显的轮廓纹理；大小为 3.16（3.15～3.17）mm × 2.33（2.32～2.34）mm。

种子功效 种子具有补气养阴、健脾、润肺、益肾的功效，可助力改善气阴两虚、肺脾肾不足引发的多种虚损之症。

花　　期 5～6 月。

果　　期 7～8 月。

生　　境 中生草本。生于森林带和草原带的山地林下、林缘、灌丛山地草甸。

采 集 地 采自赤峰市喀喇沁旗等地。

212 马蔺
Iris lactea Pall.

鸢尾科 Iridaceae
鸢尾属 *Iris*

蒙　　名 查黑乐得格。

别　　名 马莲。

种子形态 种子呈多面体形，棕褐色，有光泽；大小为 3.46（3.35～3.62）mm × 2.51（2.34～2.69）mm。

种子功效 种子可入药，能清热解毒、止血、利尿，主治咽喉肿痛、吐血、小便不利、肝炎等。

花　　期 5～6 月。

果　　期 6～9 月。

生　　境 中生草本。生于草原带的河滩、盐碱滩地，为盐化草甸建群种。

采 集 地 采自鄂尔多斯市鄂托克旗等地。

213 射干
Belamcanda chinensis (L.) Redouté

鸢尾科 Iridaceae
射干属 *Belamcanda*

蒙　　名　海其 - 欧布苏。
别　　名　野萱花。
种子形态　种子整体呈椭圆形，表面粗糙，有明显的凹凸；大小为 4.00（3.95～4.05）mm × 3.80（3.75～3.85）mm。
种子功效　种子具有清热解毒、消痰、利咽的功效，对热毒痰火郁结、咽喉肿痛等症有一定的治疗作用。
花　　期　7～9 月。
果　　期　8～10 月。
生　　境　中生草本。生于森林草原带的山地草原。
采 集 地　采自通辽市开鲁县大榆树镇等地。

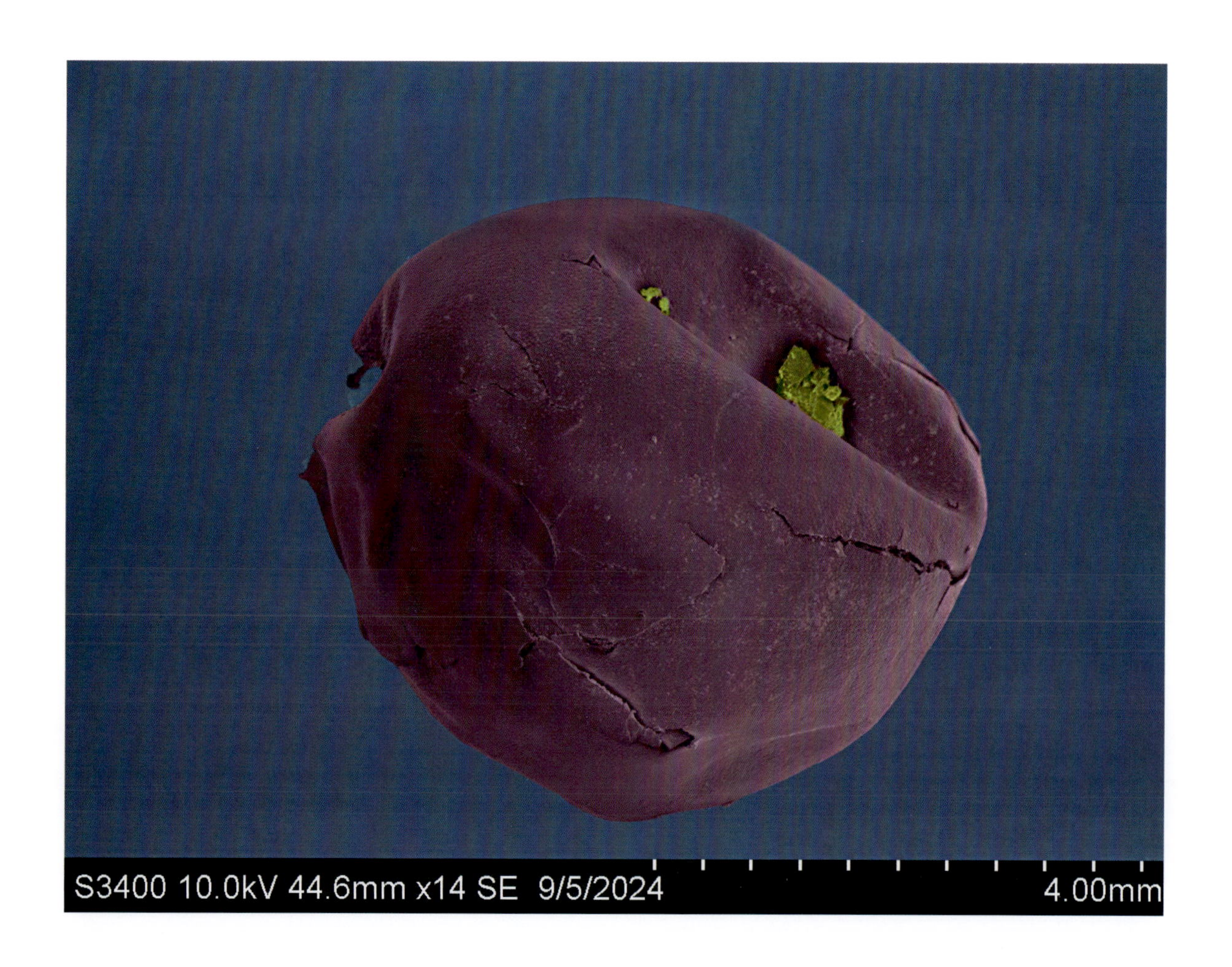

参考文献

艾铁民, 彭华. 中国药用植物志[M]. 北京: 北京大学医学出版社, 2017.

贾慎修, 中国饲用植物志[M]. 北京: 中国农业出版社, 1997.

内蒙古植物志编辑委员会. 内蒙古植物志[M]. 2版. 呼和浩特: 内蒙古人民出版社, 1994

赵一之, 曹瑞, 赵利清. 内蒙古植物志[M]. 3版.呼和浩特: 内蒙古人民出版社, 2020.

中国科学院中国植物志编辑委员会. 中国植物志[M]. 北京: 科学出版社, 2004.

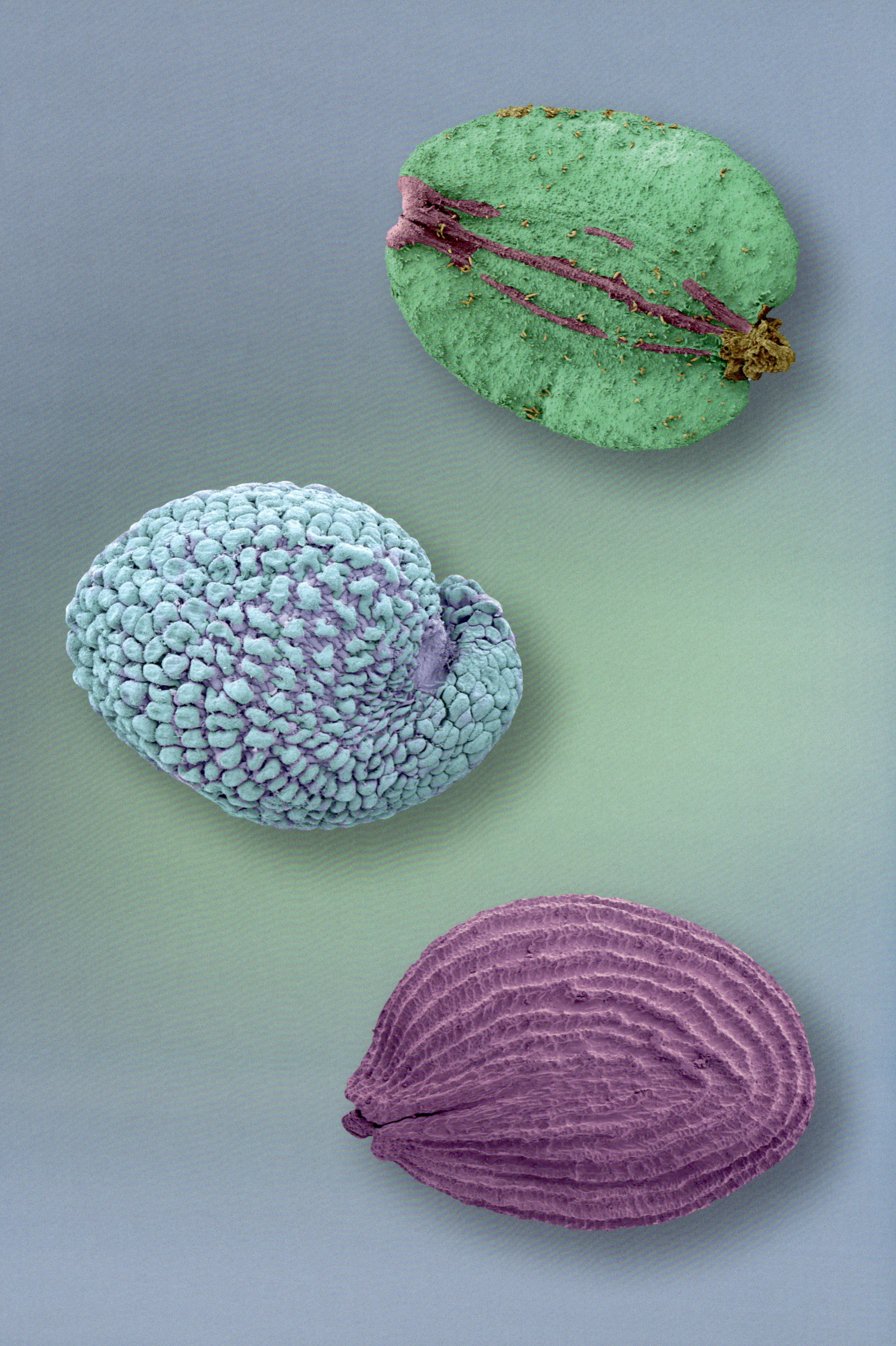

中文名索引

B

白杜　100
白茎盐生草　20
白茅　199
白头翁　42
白鲜　97
白芷　121
百花蒿　179
败酱　163
半日花　108
北乌头　46
北芸香　96
扁秆荆三棱　200
扁茎灯芯草　202
扁茎黄芪　81
薄荷　144

C

苍术　183
草木樨状黄芪　83
草珠黄芪　78
侧柏　3
柽柳　107
稠李　67
串铃草　142
垂果大蒜芥　55
刺沙蓬　19
刺五加　114
葱皮忍冬　159

D

达乌里黄芪　79
达乌里龙胆　129
大白刺　93
大刺儿菜　186
大果琉璃草　136
大花剪秋罗　33
大花荆芥　141
大针茅　194
丹参　145
当归　120
党参　165
荻　198
地肤　23
地黄　153
地梢瓜　132
东方泽泻　190
杜梨　60
短瓣金莲花　38
短茎岩黄芪　88
短毛独活　118
短尾铁线莲　44
短叶假木贼　14

E

鄂尔多斯小檗　47
二色棘豆　77

F

繁缕　30
防风　116

G

甘草　75
甘菊　176
戈壁短舌菊　175
戈壁针茅　196
茖葱　203
狗娃花　169
灌木亚菊　178
光萼女娄菜　34
鬼针草　172

H

合耳菊　182

合头藜 28
贺兰韭 207
黑果枸杞 148
黑果栒子 58
红蓼 12
红砂 106
胡枝子 91
花木蓝 72
华北白前 131
华北耧斗菜 40
华北前胡 119
华北驼绒藜 22
还阳参 189
黄花补血草 124
黄花刺茄 152
黄精 212
黄芩 138
黄香草木樨 87
灰栒子 59
火炬树 99
火媒草 185
藿香 140

J

芨芨草 197
假酸浆 150
碱地肤 24
碱韭 206
角茴香 49
接骨木 162
芥菜 54
金花忍冬 160
荆条 137

K

苦豆子 69
苦马豆 74
苦参 70

L

连翘 126
鳞叶龙胆 128
铃铛刺 85
柳兰 112
龙葵 151
耧斗菜 39
葎草 7
轮叶沙参 168
罗布麻 130
萝藦 133
裸果木 29

M

马蔺 213
麦蓝菜 36
毛茛 43
毛果群心菜 52
毛莲蒿 180
毛樱桃 65
蒙古扁桃 64
蒙古韭 205
蒙桑 6
密花香薷 147
膜果麻黄 4
木本猪毛菜 17
木贼麻黄 5

N

南方菟丝子 135
南蛇藤 101
内蒙西风芹 122
柠条 84
牛膝菊 174

O

欧李 66
欧亚旋覆花 171

P

泡泡刺 94
披碱草 193
平卧碱蓬 16
婆婆纳 154
蒲公英 188

Q

千屈菜 111
茜草 158
瞿麦 35
雀舌草 32

R

人参 115
日本续断 164

S

沙打旺 82
沙地繁缕 31
沙拐枣 8
沙芥 51
沙木蓼 11
沙蓬 21
砂生槐 68
山刺玫 62
山荆子 61
芍药 37
蛇床 117
射干 214
水曲柳 125
水栒子 57
宿根亚麻 92

酸浆 149
酸枣 103
梭梭 13

T

头状沙拐枣 9
透骨草 156
兔儿尾苗 157
菟丝子 134

W

委陵菜 63
猬菊 184
猬实 161
文冠果 102
紊蒿 177
乌头叶蛇葡萄 104
无芒雀麦 192
五味子 48

X

西伯利亚滨藜 25
西伯利亚乌头 45
西伯利亚远志 98
菥蓂 53
细叶百合 208
细叶百脉根 71
细叶黄芪 80
细枝补血草 123
细枝羊柴 89
狭叶沙参 167
夏枯草 139
香薷 146
小花鬼针草 173
小黄花菜 209
小针茅 195
蝎虎驼蹄瓣 95
心形沙拐枣 10
兴安天门冬 210

Y

鸭跖草 201
盐爪爪 15
偃松 2
羊柴 90
野韭 204
野豌豆 86
野西瓜苗 105
益母草 143
硬质早熟禾 191
羽叶丁香 127
玉竹 211
圆果甘草 76
月见草 113

Z

展枝唐松草 41
珍珠梅 56
珍珠猪毛菜 18
栉叶蒿 181
中国沙棘 110
中亚滨藜 26
中亚紫菀木 170
轴藜 27
帚状鸦葱 187
梓树 155
紫斑风铃草 166
紫花地丁 109
紫堇 50
紫穗槐 73

学名索引

A

Aconitum barbatum var. *hispidum* 45
Aconitum kusnezoffii 46
Adenophora gmelinii 167
Adenophora tetraphylla 168
Agastache rugosa 140
Agriophyllum pungens 21
Ajania fruticulosa 178
Alisma orientale 190
Alkekengi officinarum 149
Allium eduardii 207
Allium mongolicum 205
Allium ochotense 203
Allium polyrhizum 206
Allium ramosum 204
Amorpha fruticosa 73
Ampelopsis aconitifolia 104
Anabasis brevifolia 14
Angelica dahurica 121
Angelica sinensis 120
Apocynum venetum 130
Aquilegia viridiflora 39
Aquilegia yabeana 40
Artemisia vestita 180
Asparagus dauricus 210
Aster hispidus 169
Asterothamnus centraliasiaticus 170
Astragalus adsurgens 'Shadawang' 82
Astragalus capillipes 78
Astragalus complanatus 81
Astragalus dahuricus 79
Astragalus melilotoides 83
Astragalus tenuis 80
Atractylodes lancea 183
Atraphaxis bracteata 11
Atriplex centralasiatica 26
Atriplex sibirica 25
Axyris amaranthoides 27

B

Bassia scoparia 23
Bassia scoparia var. *sieversiana* 24
Belamcanda chinensis 214
Berberis caroli 47
Bidens parviflora 173
Bidens pilosa 172
Bolboschoenus planiculmis 200
Brachanthemum gobicum 175
Brassica juncea 54
Bromus inermis 192

C

Calligonum caput-medusae 9
Calligonum cordatum 10
Calligonum mongolicum 8
Campanula punctata 166
Caragana halodendron 85
Caragana korshinskii 84
Caroxylon passerinum 18
Catalpa ovata 155
Celastrus orbiculatus 101
Chamerion angustifolium 112
Chrysanthemum lavandulifolium 176
Cirsium arvense var. *setosum* 186
Clematis brevicaudata 44
Cnidium monnieri 117
Codonopsis pilosula 165
Commelina communis 201
Corethrodendron fruticosum 90

Corethrodendron scoparium 89
Corydalis edulis 50
Cotoneaster acutifolius 59
Cotoneaster melanocarpus 58
Cotoneaster multiflorus 57
Crepis rigescens 189
Cuscuta australis 135
Cuscuta chinensis 134
Cynanchum rostellatum 133
Cynanchum thesioides 132
Cynoglossum divaricatum 136

D

Dianthus superbus 35
Dictamnus dasycarpus 97
Dipsacus japonicus 164

E

Elachanthemum intricatum 177
Eleutherococcus senticosus 114
Elsholtzia ciliata 146
Elsholtzia densa 147
Elymus dahuricus 193
Ephedra equisetina 5
Ephedra przewalskii 4
Euonymus maackii 100

F

Forsythia suspensa 126
Fraxinus mandshurica 125

G

Galinsoga parviflora 174
Gentiana dahurica 129
Gentiana squarrosa 128
Glycyrrhiza squamulosa 76
Glycyrrhiza uralensis 75
Gymnocarpos przewalskii 29
Gypsophila vaccaria 36

H

Halogeton arachnoideus 20
Haloxylon ammodendron 13
Haplophyllum dauricum 96
Hedysarum setigerum 88
Helianthemum songaricum 108
Hemerocallis minor 209
Heracleum moellendorffii 118
Hibiscus trionum 105
Hippophae rhamnoides subsp. *sinensis* 110
Humulus scandens 7
Hypecoum erectum 49

I

Imperata cylindrica 199
Indigofera kirilowii 72
Inula britannica 171
Iris lactea 213

J

Juncus gracillimus 202

K

Kalidium foliatum 15
Kolkwitzia amabilis 161
Krascheninnikovia arborescens 22

L

Leonurus japonicus 143
Lepidium appelianum 52
Lespedeza bicolor 91
Lilium pumilum 208
Limonium aureum 124
Limonium tenellum 123
Linum perenne 92
Lonicera chrysantha 160
Lonicera ferdinandi 159
Lotus tenuis 71
Lycium ruthenicum 148
Lythrum salicaria 111

M

Malus baccata 61
Melilotus officinalis 87
Mentha canadensis 144
Miscanthus sacchariflorus 198
Morus mongolica 6

N

Neopallasia pectinata 181
Neotrinia splendens 197
Nepeta sibirica 141
Nicandra physalodes 150
Nitraria roborowskii 93
Nitraria sphaerocarpa 94

O

Oenothera biennis 113
Olgaea leucophylla 185
Olgaea lomonossowii 184
Oxytropis bicolor 77

P

Paeonia lactiflora 37
Panax ginseng 115
Patrinia scabiosifolia 163
Persicaria orientalis 12
Peucedanum harry-smithii 119
Phlomoides mongolica 142

Phryma leptostachya subsp. *asiatica* 156
Pinus pumila 2
Platycladus orientalis 3
Poa sphondylodes 191
Polygala sibirica 98
Polygonatum odoratum 211
Polygonatum sibiricum 212
Potentilla chinensis 63
Prunella vulgaris 139
Prunus humilis 66
Prunus mongolica 64
Prunus padus 67
Prunus tomentosa 65
Pseudolysimachion longifolium 157
Pugionium cornutum 51
Pulsatilla chinensis 42
Pyrus betulifolia 60
Ranunculus japonicus 43
Reaumuria songarica 106
Rehmannia glutinosa 153
Rhus typhina 99
Rosa davurica 62
Rubia cordifolia 158

S

Salsola tragus 19
Salvia miltiorrhiza 145
Sambucus williamsii 162
Saposhnikovia divaricata 116
Schisandra chinensis 48
Scutellaria baicalensis 138
Seseli intramongolicum 122
Silene firma 34
Silene fulgens 33
Sisymbrium heteromallum 55
Solanum nigrum 151
Solanum rostratum 152
Sophora alopecuroides 69
Sophora flavescens 70
Sophora moorcroftiana 68
Sorbaria sorbifolia 56
Sphaerophysa salsula 74
Stellaria alsine 32
Stellaria gypsophyloides 31
Stellaria media 30
Stilpnolepis centiflora 179
Stipa grandis 194
Stipa klemenzii 195
Stipa tianschanica var. *gobica* 196
Suaeda prostrata 16
Sympegma regelii 28
Synotis wallichii 182
Syringa pinnatifolia 127

T

Takhtajaniantha pseudodivaricata 187
Tamarix chinensis 107
Taraxacum mongolicum 188
Thalictrum squarrosum 41
Thlaspi arvense 53
Trollius ledebourii 38

V

Veronica polita 154
Vicia sepium 86
Vincetoxicum mongolicum 131
Viola philippica 109
Vitex negundo var. *heterophylla* 137

X

Xanthoceras sorbifolium 102
Xylosalsola arbuscula 17

Z

Ziziphus jujuba var. *spinosa* 103
Zygophyllum mucronatum 95